日本で見られる
保存機・展示機
ガイドブック

博物館、公園、基地の広場にある
旧軍機・自衛隊機・米軍機

イカロス出版

はじめに

本書は、日本各地で保管されている《飛べないヒコーキ》を扱った本である。
取り扱いの対象とするのは、以下のモノたちだ。

①退役した自衛隊機
②退役した米軍機
③現存する旧日本軍機
④原寸大で制作された旧日本軍機のモデル

もっと簡単に言うと、自衛隊の敷地の庭っぽいところや、航空博物館の館内や外に並べて置いてありそうな、昔は空を飛んでいたヒコーキや、ヒコーキの形をしたものたちのことだ。

写真：鈴崎利治

さて、ヒコーキは飛んでいる方がカッコいいに決まっているから、こんな《飛べないヒコーキ》に最初から興味のある人は少ないだろう。

けれども、そういう状態でしか存在し得ないヒコーキもある。太平洋戦争やベトナム戦争の時代の空を飛んだ昔のヒコーキとか、新しいけれどお役目を終えたヒコーキとか、新しく造った実物大の古いヒコーキ、などだ。

見はじめるとわかるのだが、現役で飛んでいる航空機を眺めていても気づきもしない部分が、《飛べないヒコーキ》からだと見えてくる。

だから、もし飛行機やヘリコプターに興味があるのなら、意外なほど豊かな《飛べないヒコーキ》の世界にもぜひ足を踏み入れてみてほしい。実際に見て、機体に触れて、何かを感じたなら、その先はエンドレスで楽しめること請け合いだ。

P.S.

民間機や軍用機以外の官用機の退役機は、本書ではほとんど取り上げておりません。
全国のデータを揃えられなかったのが理由です。ご了承くださいませ。

2023年11月　編集部

もくじ

写真：鈴崎利治、山本晋介

第1部

保存機・展示機には物語がある

飛べないヒコーキの何が面白いのか？
その一つは、1機、1機が持つエピソードだ。

浜松のF-86Fブルーインパルス

60 年以上の歴史を持つ、航空自衛隊の展示飛行チーム「ブルーインパルス」。その初代使用機が、浜松に 3 機だけ残っている。 写真：鈴崎利治

02-7966
お願い

現役時代のF-86Fブルーインパルスと、後に浜松広報館のシンボルとなる966号機

F-86Fを使用した初代ブルーインパルスは、1981年2月8日に入間基地で最終公開飛行を行ったのち、同年3月3日に浜松基地で最終訓練飛行を行い、その歴史に幕を閉じた。解散時の正式な部隊名称は、第1航空団第35飛行隊「戦技研究班」であった。

その塗装のF-86Fは全国に7機が展示されているが、このうち航空自衛隊春日基地、陸上自衛隊北宇都宮駐屯地および菅野医院分院に展示中の3機はブルーインパルスに所属したことがない通常機に青白の塗装を施した機体だ。また河口湖自動車博物館の展示機はブルーインパルスを離れて第8航空団第6飛行隊に配属替えとなってから引退した機体であり、通常機となっていたが、再び青白塗装とした機体だ。残る3機が最後までブルーインパルスに所属していた機体であり、現在は浜松広報館エアーパークに2機、浜松基地に1機が展示されている。

エアーパークの996号機と960号機

エアーパークの02-7960号機は単独機(5番機）を務めることが多かったというが、最終訓練飛行の際には予備機として列線に留め置かれていてフライトは行っていない。3か月後の1981年6月17日にアクロ仕様機としては最後の用廃機となり、以後は浜松北基地（当時）の格納庫に保管されていた。2度の航空祭と1986年4月23日に行われた第一航空団30周年記念式典にてスモークタクシーを実施したことで話題となるが、こののちにブレーキ系統に修理不能な故障が生じて自力で動くことはできなくなった。静態展示機となってからは一度再塗装を行い、格納庫内に保管されていたが、数年後には管理方針が変わったために北地区エプロン隅で屋外保存となっていた。エアパーク建設の話しが具体化した1990年代半ばごろに再び塗装が行われて格納庫で保管され、現在はオリジナルのまま

浜松南基地に展示されていた当時の966号機。キャノピーが通常機のものに替えられている

用途廃止となり、浜松北基地の
隅に置かれていた 995 号機

格納庫内に並んだ 995 号機（手前）と
995 の番号を記入した 929 号機（奥）

エアパークの展示格納庫に置かれてコクピット見学に供されている。

02-7966 号機はリーダー機（1 番機）を務めることが多く、最終訓練飛行の際にもリーダー機を務めていた。この機体は用廃後に浜松南基地（当時）の第 1 術科学校で保管され、見学用の展示機になっていたが、その際にキャノピーと計器盤が通常機のものと交換されている。1999 年 4 月のエアーパーク開館に際してキャノピーの塗装は正しく改められているが計器盤は戻されていない。

929 号機ではない浜松基地の F-86F

より複雑なエピソードがあるのは浜松基地の北門近くにある展示機だ。垂直尾翼に「92-7929」と書かれているが、この機体の本当の機番は「12-7995」である。

1979 年頃には F-86F の減勢を受けて写真や映像などを様々な形で記録を残そうという話が持ち上がっていた。その中の一案だった、機体を展示機とする話が進み、1980 年初め頃に浜松北基地（当時）の隅に置かれていた 3 機の用廃機（92-7929、12-7993、12-7995 号機）に白羽の矢が立った。しかし 929 号機と 993 号機はすでに部品取りや屋外放置のため傷みが酷かったことから展示機候補から外され、用廃となってからまだ日の浅い 995 号機が選ばれたのだ。

この際、当時のブルーインパルスのメンバーたちは 929 号機に強い思い入れがあったため、995 号機に 929 号機のナンバーを記して展示することにした。塗り替え作業では、先に 929 号機の機体番号を 995 号機に変更したため、格納庫内に 995 号機が 2 機並ぶ写真が記録として残されている。

かくして「本当の 995 号機」は 929 号機となって展示された。995 号機となった「本当の 929 号機」は基地の一角に放置され、やがて解体されてしまった。

（文：山本晋介）

現在の浜松基地に展示されている、929 の番号を
記入した 995 号機　写真 6 枚提供：辻村伸一

かかみがはらの飛燕

日本の旧軍機では珍しい、水冷エンジンを搭載した陸軍三式戦闘機「飛燕」。
岐阜で生まれ、横田で終戦を迎えた「飛燕 17 号」が、
故郷の地に銀の姿で展示されるまでの物語。 写真：中村泰三

横田基地に展示されていた頃の飛燕17号。左は展示当初、右は最後の時期　写真提供：杉山弘一

キ61 II型改／三式戦闘機二型 第6117号「飛燕」は、川崎航空機 岐阜工場で1944年（昭和19年）半ばに製造された。陸軍に引き渡され、東京の福生飛行場（別名、多摩飛行場）の陸軍航空審査部の飛行実験部において運用されたと考えられている。同部隊の特性上、戦闘にも参加していた可能性がある。

終戦により米軍に接収された福生飛行場は、横田基地と呼ばれるようになる。この飛燕（以下、飛燕17号）も接収されたことは、基地を占領軍に引き渡す式典の写真に飛燕17号が確認できることにより判明している。

1963年の修理の後、岐阜基地で管理されていた頃の飛燕17号　写真提供：杉山弘一

各地で展示された飛燕17号

横田基地に展示されていた飛燕17号は、1953年12月に財団法人 日本航空協会に譲渡され、その翌日から日比谷公園において同協会が主催した「航空五十周年記念大会」で4日間展示された。このとき横田から日比谷への運搬に際し、道幅に合わせて両主翼をフラップの翼端側で切断している。展示は主翼を架台で支えた状態で行われた。

翌年7月に川崎航空機で主翼の仮修理をした後、飛燕17号は日本各地の催しで展示された。分解・輸送・結合の過程で破損が進み、展示の多くが屋外であったために腐食も進行していった。これを受けて1963年、軍立川基地（当時）で米軍も交えて大掛かりな修復がされる。切断された主翼部分の修理は、元陸軍大尉で四式戦闘機「疾風」の高稼働率を達成した伝説の整備隊長・刈谷正意さんの指導の元に行われた。後の調査では、内部に強固な継ぎと補強が確認されている。

修理の後、機体の管理は自衛隊に任された。輸送と分解·結合の方法が確立され、後には機体の傷み軽減のためエンジンを下ろした状態で展示される方向となり、

2015年11月、修復作業において金属面の塗装とパテを剥離した飛燕17号　写真：中村泰三

調査による細部写真。尾翼フェアリングの表面に腐食差で浮き出した「6117」　写真：中村泰三

各地の航空祭や国際航空宇宙ショー、航空博といった一般イベントで展示された。大切にはされたが、機体に対する負担があったことは否めない。

1986年2月から鹿児島県の知覧特攻平和会館での展示がはじまると、2015年までの長きにわたり屋内保管となった。以前のように各地の展示で徐々に損耗していくことを考えれば、飛燕17号にとっては非常に幸いなことであった。

文化財としての修復

2015年8月24日、日本航空協会と川崎重工業は「飛燕の修復等に関する覚書」および「飛燕修復の指針」を取り交わし、飛燕17号の文化財としての修復プロジェクトが始まった。そして同年9月から2016年10月まで、約1年をかけて、欠損部品等の詳細な複製も含めた大掛かりな修復が行われた。製造元の企業による多大な支援があったおかげで、修復直後に神戸で開かれた「川崎重工業創立120周年記念展」では素晴らしい状態で展示されている。

この修復では、外面塗装とパテを剥離した後に調査を行っている。内部に現役時代のままの箇所を多く確認できたほか、機体外面では日の丸と垂直尾翼に「17」の番号の塗装痕、全面に注意書きステンシルの痕跡、川崎の刻印、はたまた製造時の工員による鉛筆等によるケガキ、その作業練度の違いまで、オリジナル情報が多数確認された。これにより、凹みの修正のための分解、表面研磨、塗装等をすることによる痕跡の消失を防ぎ、現在と将来にも確認することを可能とするために、無垢のままでの保存が決定された。

その後は、「かかみがはら航空宇宙博物館」（当時）の収蔵庫に分解状態で展示され、東京文化財研究所の支援も得て、動翼羽布の修復、劣化したゴム部品の除去、各所調査と合わせて当時規格のマイナスネジの交換等の作業を進めていった。そして2018年3月、リニューアル開館した「岐阜かかみがはら航空宇宙博物館」、通称「空宙博」（そらはく）に展示。2023年3月には重要航空遺産に認定されて現在に至る。

なお、飛燕17号の機体表面に数々残る打痕のほとんどは、上記に綴った飛燕17号の戦後における経歴を物語るものである。

（文：中村泰三）

靖國神社の零戦五二型

零式艦上戦闘機、通称は「零戦」（れいせん、ぜろせん）。
各型合わせて日本軍最多の１万機以上が製造され、太平洋戦争を戦い抜いた。
21 世紀のいまも世界に 30 機以上が現存する。

靖國神社に展示されている零戦五二型は、南太平洋パプアニューギニアのニューブリテン島、ラバウルに残されていたものである。

太平洋戦争終盤、日本海軍のラバウル航空隊は孤立状態に陥り、航空機のほとんどが飛行不能、または連合国軍による空爆で破壊されていた。しかし航空隊の残存部隊は、それらの機体から使用可能な部分を集めて飛行可能なまでに修復し、数機を運用していた。この零戦はその中の１機である。

この零戦は飛行可能な状態で終戦を迎え、その後も短期間、連合国軍の所属機として飛行した。連合国軍が用務飛行限定で飛行を許可した日本軍機に塗った「全面白地・日の丸の位置に黒十字（指定は緑）」の塗装の痕跡がその根拠である。この機体がオーストラリア軍に引き渡された時の写真も残っていて、白地に黒十字の零戦五二型３機と百式司令部偵察機１機で列線をつくり、エンジン始動状態で写っている。この時点で、単排気管の五二型の前部胴体に二二型の後部胴体を継いでいたことも判る。

その後のラバウルでの経緯は不明だが、

写真提供：靖國神社 遊就館

現地で放置されていた黒十字の痕跡が残る五二型2機を、航空機の洋書販売を行っていた石川昭さんが確認し、1975年に部品群とともに回収して日本に里帰りさせた。翌年には竜ヶ崎飛行場と石川さんの店舗で展示即売され、日本の複数のファンの元に収まっている。三菱4240号の前部胴体は、運送業を営んでいた阿部唯幸さんが購入し、外観を修復し、鉄板で再現した後部胴体を結合して自宅に展示した。そして1986年頃、河口湖自動車博物館の原田信雄さんのもとに渡った。

原田さんは時間をかけて、精力的に、オリジナル部材を使用した全面復元を進めた。後部胴体などは、ミクロネシアのヤップ島で回収された部品を使って復元補完し、完成。2002年に靖國神社に奉納し、現在の展示に至っている。ラバウルにおける復元の苦労を物語る内部写真も、共に展示されている。

（文：中村泰三）

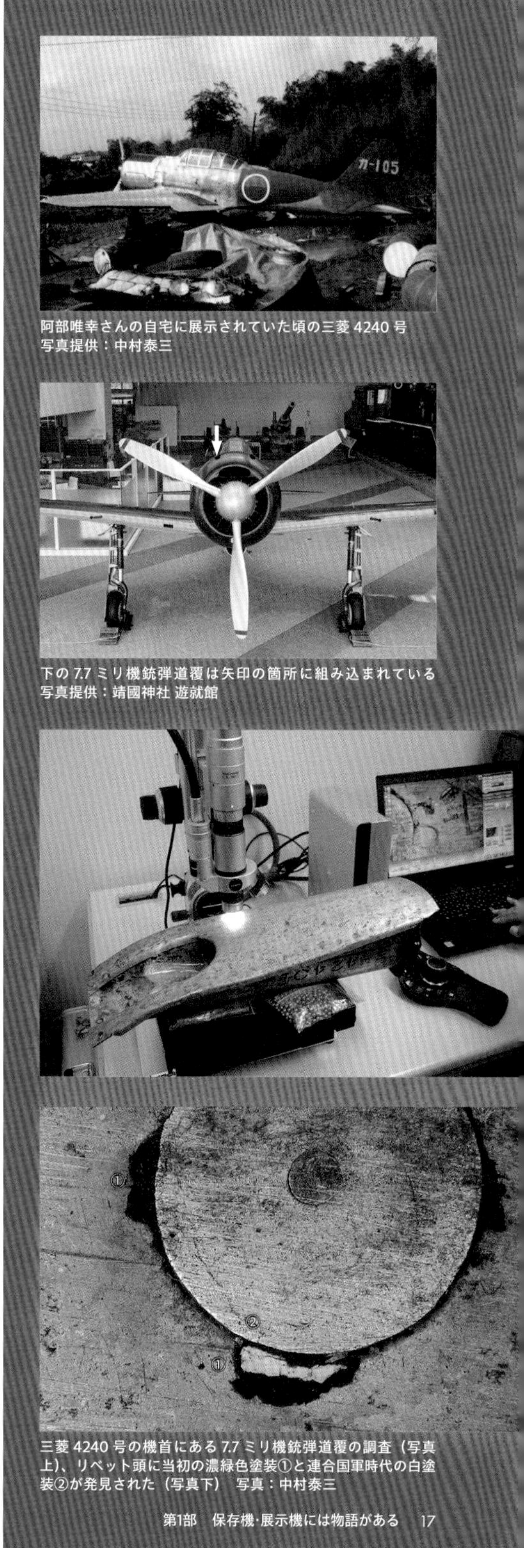

阿部唯幸さんの自宅に展示されていた頃の三菱4240号
写真提供：中村泰三

下の7.7ミリ機銃弾道覆は矢印の箇所に組み込まれている
写真提供：靖國神社 遊就館

三菱4240号の機首にある7.7ミリ機銃弾道覆の調査（写真上）、リベット頭に当初の濃緑色塗装①と連合国軍時代の白塗装②が発見された（写真下）　写真：中村泰三

YS-11 生産第 1 ロットの兄弟機

《日本の空を日本の翼で》の合言葉のもと、戦後日本が開発した国産旅客機 YS-11。茨城県にある「科博廣澤航空博物館」の YS-11 が航空局、愛知県「あいち航空ミュージアム」の YS-11 が航空自衛隊に所属していたことには理由があった。

日本人の誰もが知っている日本の飛行機といえば、21 世紀のいまでも「零戦」と「YS-11」だ。

敗戦後 7 年間の航空禁止が明け、それから 5 年が経った 1957 年に計画がスタートした YS-11 型機は、1962 年 8 月 30 日に試作 1 号機が初飛行し、64 年には量産初号機がロールアウトした。戦後生まれ変わった日本の空のシンボルとして飛んだ、これまでで唯一の国産旅客機である。

さて、ここに紹介する元航空局の YS-11 と元航空自衛隊の YS-11 は、YS-11 全 182 機のうち量産第1ロットの兄弟機にあたる。

YS-11 の量産第 1 ロットは 7 機あり、1964 年から 65 年にかけてロールアウトした。しかし、製造者である日本航空機製造（日航製）が最初の注文主である全日空に持ち込んだところ、「使い物にならない」と突き返されてしまった。飛行機としては完成していたが、乗降扉に昇降ステップが備わっていないとか（後に増設された）、搭乗扉のアームが乗り降りの邪魔になるとか、お客さんへの配慮が足らない設計が理由だった。

登録記号 JA8610、胴体に「FLIGHT INSPECTION」（飛行検査）と記入された元航空局の YS-11 量産初号機。羽田空港からザ・ヒロサワ・シティへの移送に当たり、分解、再組み立てされた。今後は静態保存機として維持管理される　写真：小久保陽一

仕方なく全日空以外の引き取り手を探すことになり、量産初号機は運輸省（現国土交通省）航空局に、量産2・3号機は東亜航空、量産4・5号機は日本国内航空、そして量産6・7号機は航空自衛隊に納められることになった。

航空局に入った量産初号機は「ちよだII」と命名され、航空路や飛行方式の安全を点検する飛行検査に使用された。1998年12月に引退した後は、国立科学博物館の所蔵品として羽田空港内の格納庫で保管されてきたが、一般展示に供するため、2020年に茨城県筑西市のザ・ヒロサワ・シティへと輸送された。科博廣澤航空博物館のオープンは2024年となる見込みだ。

一方、量産6号機とともに航空自衛隊入りした7号機は、YS-11P（PはPassenger「乗客」の頭文字）の制式名を与えられ、VIP仕様の人員輸送機として52年間運用された。2017年5月29日、鳥取県の美保基地から愛知県の県営名古屋空港へとラストフライトを行い、同年11月にあいち航空ミュージアムに搬入された。現在も元の姿のまま、一般公開されている。

（文：編集部）

元航空自衛隊のYS-11P 52-1152号機。YS-11の量産7号機で、VIP仕様の人員輸送機として活躍した。すぐ上の兄にあたる量産6号機（YS-11FC飛行点検機52-1151号機）は、2021年3月17日に退役した後、惜しくも解体処分となった　写真：山本晋介

鹿屋の二式大艇

旧海軍の二式飛行艇・通称「二式大艇」は、第二次世界大戦にあって突出した高性能を誇った飛行艇だ。鹿屋の二式大艇は現存する唯一の機体であり、オリジナルを保つ重要な航空遺産である。

旧日本陸・海軍の航空機は、外見全体をほぼ保つ個体が日本国内に22機ほど展示されているが、現役当時のままの状態を残している個体は極めて稀だ。鹿児島県の海上自衛隊 鹿屋（かのや）航空基地史料館にある二式飛行艇一二型、川西第426号は、機体内部が塗装を含めてほぼオリジナルのまま保たれており、飛行艇の歴史を考えるうえで特筆すべき重要な航空遺産として存在する。

終戦当時、香川県の詫間（たくま）基地には3機の二式大艇があった。米海軍による接収命令を受けた隊員と工員は、別の機体（542号機等）の部品を流用して破損の少ない426号機を修復し、米軍の監視のもと横浜に空輸した。これが日本人による最後の飛行であった。

横浜で船積みされた426号機は、米東海岸のノーフォーク海軍基地に運ばれ、再整備と修復を経て飛行試験に供された。現在も内部船底部に残る日本の塗料ではない修理箇所は、米軍による修復を示しており、接収時の機体の状態が窺える材料となっている。

アメリカでの飛行は発動機の不調により1回で終わってしまったが、廃棄され

写真：山本晋介

ることなく保管が決定した。外翼を外し、その状態で機体全体をモスボール（保管用の防水加工）して外気を遮断、湿度を管理するため空調ダクトを配置する等の手厚い保護が行われた。このことは、米海軍が二式大艇の貴重さを認識していた証拠である。

ただし、管理が行き届いていたのは当初だけであった。アメリカでの34年間に、ハリケーンによる右外翼エンジン脱落をはじめとした破損があり、米海軍の経費削減の影響か空調は止められ、出入りが可能になると計器の盗難なども発生したと聞いている。

日本に戻すための返還運動は何度かあったが実現せず、1978年に廃棄処分の方針が発表されると、東京お台場の「船の科学館」が受け入れを発表。翌年、公式に「米国戦利品」の返還が実現して、426号機は里帰りを果たした。このことで、世界唯一の遺産の消失が防がれた。

船の科学館では大掛かりな修復作業を実施し、1982年3月に完了して、一般公開された。屋外保管するための処置として、約5年ごとの塗装塗り替え等を行った。

2003年、426号機は日本財団から防衛庁へ譲渡される。これに伴って翌年、鹿屋航空基地史料館の屋外に移設され、現在に至る。鹿屋でも数年おきの塗装による保守規定は厳格に守られており、一部を除いて状態は非常に良い。しかし、台風による小規模な破損等はあり、部分的に腐食は進行している。

この日本が誇るべき航空遺産を、良好な状態を保ちながら後の世に遺していくのであれば、屋内保管を検討すべきことをここに記しておきたい。

（文：中村泰三）

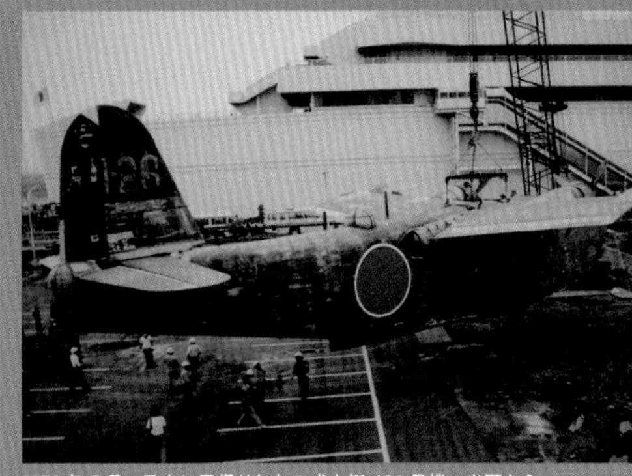

1979年7月、日本に里帰りした二式大艇426号機。米国からの戦利品返還は非常に珍しい。コンテナ船からお台場・船の科学館に陸揚げされ、再組み立てされた　写真提供：中村泰三

2004年2月14日、鹿児島の鹿屋航空基地への輸送に向けて解体作業中の二式大艇　写真提供：中村泰三

2016年に撮影した426号機の機内で、胴体内を機尾方向へ撮影。当時の設計・製造工程における航空技術や人間的背景など、歴史的情報を現代に伝えている　写真：中村泰三

赤いローターの OH-6J

岐阜かかみがはら航空宇宙博物館から「飛燕」に続いてもう１機、ずっと最近の機体を紹介しよう。ローターシステム実験機として技術の発展を支えた、丸くて可愛らしい“ピカピカ”のヘリコプターだ。

「岐阜かかみがはら航空宇宙博物館」（以下､「空宙博」）が収蔵する航空機の多くは、隣接する各務原飛行場で各種の試験を行った機体だ。試験の成果は論文や特許という形で発表されており、１機１機のエピソードは軽く本の１章程度、機体によっては１冊できてしまうほどになる。

ただし、技術的に多大な貢献を果たした機体であっても、試験が済めば用はなくなる。自衛隊機の場合は、使える間は通常仕様に戻して航空部隊に送られ、やがて耐用命数に達して用途廃止（以下、用廃）となり、過去の経歴を顧みられることもなく廃棄されていく。そんな１機を救い出した例として、「空宙博」の OH-6J ロータシステム実験機を紹介しよう。

防衛庁（当時）と川崎重工を主契約者とするチームで開発した陸上自衛隊向け OH-1 観測ヘリは、1996 年 8 月 6 日に試作機が初飛行した。OH-1 の技術的特徴のひとつとして、ローターブレードにガラス繊維複合材を使用して 12.7 ミリクラスの銃弾による損傷に耐えられるようにしたこと、無関節（ヒンジレス）のローターハブを採用して操縦応答性の向上を図ったことが挙げられる。そのローターシステムの開発に使われたのが、この OH-6J

空宙博の展示では、OH-6 058号機に取り付けられたローターヘッドにも説明板が用意されている。従来型の全関節型ローターと無関節のベアリングレス・ローターを比較し、部材のたわみでローターの曲がりやひねりを実現することを説明する　写真：編集部

OH-6 058号機での実験成果をうけ、無関節ローターを採用して高い運動性能を獲得した純国産の観測ヘリ OH-1　写真：鈴崎利治

31058号機（川崎重工での社内呼称“KA370”）なのだ。

試験用のローターシステムを装備した058号機は、1990年10月に岐阜飛行場で初飛行し、1992年までは各種の評価試験を行ってデータを集めていた。そして試験終了後には元の姿に戻され、用廃となった後は北海道の日高駐屯地（日高弾薬支処）に展示された。

一方「かかみがはら航空宇宙博物館」（当時名称）の建設推進室では、計画当初から川崎重工岐阜工場製のOH-6Jを1機展示する予定でいたが、058号機が廃棄されずに残されていることを知った。入手すべく関係各所との調整を行った結果、新しく用廃となったOH-6との交換であればOKということになった。

1995年7月、推進室のメンバーは、茨城県の陸上自衛隊武器補給処（霞ヶ浦駐屯地）で退役直後のOH-6を受領し、これを日高に運搬して058号機と交換、受け取った058号機を日高からトラックで小樽に運び、小樽から福井県の敦賀までフェリーで航送。敦賀からは再びトラックに載せて博物館まで運んだ。

しかしこの話には、展示に向けて機体の補修を川崎重工に依頼したところ「新品のように」ピカピカにされてしまい、担当者が激怒したというオチがつく。

機体に残された傷跡やすり減った部品の様子は、その機体がどのような使われ方をしてきたかを伝えてくれる。しかし本事例のように「展示に際してキレイに再整備」されてしまえば、機体の経歴は消えてしまう。前掲の「飛燕」とは対照的な話で、歴史ある機体をどのように遺すかという点で考えさせられる事例だろう。

さて、1996年3月の開館当初から7年間は通常のOH-6J形態で展示されていた31058号機であったが、その後、陸上自衛隊明野駐屯地に保管されていた試験用ロータシステム一式や評価試験で使われた標準ピトー管等の貸与を受けることになる。ボランティアの協力により、2003年5月11日から2004年6月6日までの約13か月を費やして「複合材ヒンジレスロータ実験機」が復元された。

復元後の機体が展示されてから、間もなく20年が経過する。この姿を現在に遺し、次世代のOH-1へと技術が継がれていったという話を多くの見学者伝えてくれた関係者の方々のご尽力に御礼を申し上げたい。　（文：山本晋介）

Column 1

展示機になってから生まれた物語

前ページまでのような展示機は、じつはそれほど多くない。名もなき展示機に物語はないのだ。しかし、展示機になってからエピソードを生んだ例もあるので紹介しよう。

戦前の貴重な機体には、それぞれ調査で明かされた来歴がある。戦後の自衛隊機でも、各地の博物館に収まっている機体には、なんらかの特別な背景があるものが少なくない。

また博物館以外でも、福島第一原発に放水したCH-47J輸送ヘリや、世界で唯一の空中戦で撃墜されたF-15J戦闘機といった有名どころが国内には現存している。殉職者への想いと飛行安全の誓いを兼ねて、碑として残された事故機の一部もある。

その一方で、大多数の自衛隊展示機は、語られるべき物語を持っていない。おそらく8～9割方がそうだろう。機体脇の説明板に書かれているのは、物語ではなく機種解説である。

そんななか、展示機になってから物語が生まれた例がある。茨城空港のF-4EJ改戦闘機とRF-4EJ偵察機だ。

この2機は、2011年7月23日に空港の駐車場前にある航空広場に展示された。日本のF-4発祥の地・百里基地と、滑走路を挟んだ向かい側である。

ここでおよそ8年の時を過ごし、ボロボロに色褪せて、F-4とRF-4が退役していくのを見守っている頃、一般社団法人の日本住宅塗装協会が、茨城空港のある小美玉市に両機の再塗装を持ちかけた。同じ想いの人は少なくなかったのだろう、2022年1月に実施したクラウドファンディングはすぐ目標額に到達し、これで一部の費用を賄うかたちで、2022年の春に美しい再塗装で再登場した。この2機は、いまでも再塗装時のような美しさを維持しているという。

(文：編集部)

茨城空港のRF-4EJ（手前、87-6412号機）とF-4EJ改（37-8319号機）。塗装完了から1年余りの2023年7月の撮影で、現役かと見紛うほどの状態を維持している。関係者からも愛されていることは一目瞭然だ　写真：山本晋介

第2部

保存機・展示機はここにある

現役のヒコーキは飛行場と空にいる。
では、飛べないヒコーキはどこに？

飛べないヒコーキは公園、博物館、基地などにある!

飛行機は大きいので、広い場所がないと置いておけない。それは例えば公園であり、自衛隊の基地である。そして日本には、いつでも見学できる航空博物館が、7個存在している。それらの概要を紹介しておこう。

1 いつでも気軽に見に行ける 公園

街中の公園や運動場など、公共施設に航空機が展示されていることがある。いつでも気軽に見られるのがよく、毎年その時期になると桜や楓とからめて撮影したくなる。

ただし、展示から20～30年以上経っている機体も多く、機体の破損や塗装のはがれが進んで保存状態が悪いものも少なくない。安全や盗難対策で機内が開放されていない機体もある。

出掛けやすい所にあるなら、定点観測するのもおもしろいが、だんだんボロボロになっていく姿は痛々しい。近年は撤去される機体が増えていて、気がつくと無くなってしまうので、気になる方は早めに見に行ったほうがいい。

愛媛県にある高山航空公園のT-2練習機。桜の季節に公園で眺める飛行機もいい　写真：山本晋介

2 貴重なヒコーキはここに集まる 博物館

一度に多くの航空機の展示を見られるのが航空博物館だ。軍用機と民間機の別を問わず航空機を見学でき、コクピットや機内を開放した展示もある。1機1機に解説があり、航空技術や歴史を学ぶことができ、売店では専門書やグッズを購入できる。

公立の航空博物館で展示やコレクションが充実しているのは、北から、

- **三沢航空科学館（青森県）**
- **所沢航空発祥記念館（埼玉県）**
- **岐阜かかみがはら航空宇宙博物館（岐阜県）**
- **あいち航空ミュージアム（愛知県）**
- **航空プラザ（石川県）**

といったところだろう。このほか、国立科学博物館の航空機を集めた科博廣澤航空博物館（茨城県）が2024年にオープン予定だ。

自衛隊の博物館施設では、

- **浜松広報館 エアーパーク（静岡県）**
- **鹿屋航空基地史料館（鹿児島県）**

の展示がずば抜けている。

個人による私設博物館もあり、中でも山梨県にある「河口湖自動車博物館」は世界的にも有名だ。旧日本軍の零戦、隼、一式陸攻、彩雲などの保存・復元に力を入れており、貴重なコレクションを誇っている。

航空博物館以外には、太平洋戦争の記憶を後世に伝えるための施設で、旧軍機を保存・展示している所がある。数少ない実機や、現存しない機種の実物大モデルを見ることができる。

所沢航空発祥記念館では、T-1BとJ3エンジンを隣同士に展示している　写真：鈴崎利治

岐阜かかみがはら航空宇宙博物館にずらりと並んだ展示機。これだけ数があると見学は1日がかりだ　写真：編集部

3 一般公開が見学のチャンス 自衛隊基地

基地や駐屯地など、自衛隊施設にも展示や教育・訓練等の目的で航空機が置かれている。

門の近くに置かれている機体は「ゲートガード」と呼ばれ、その基地や駐屯地のイメージ・シンボルを兼ねている。航空機を運用していない基地でも置いている。これらは展示用の機体であり、航空祭や記念行事などの一般公開の際に見られるところが多い。

平日に見学したい場合は、事前に基地の広報部署を通して見学の希望を申し出てみよう。そういった要望を受け入れている基地や駐屯地もある。

教育訓練目的の機体は、航空機からの隊員の展開訓練、航空火災の消火訓練、整備員の整備教育などに用いられる。飛行場や運動場の脇などにあり、それを使用した訓練や教育の様子をSNSにアップしている部隊もある。

保存状態はさまざまで、定期的に手入れをしてキレイに展示している所もあれば、古くなってボロボロの所もある。展示機に予算や人手をかけられない所もあり、撤去・廃棄されるケースもある。

陸上自衛隊北宇都宮駐屯地にある訓練用のUH-1J。高さ２ｍほどの架台上に設置したのはホバリング時の高さを体感するためといわれている　写真　山本晋介

4 企業、教育機関、そして……
その他

博物館、公園、自衛隊施設のほかにも、いろいろなところに保存機・展示機はある。企業、教育機関、アミューズメント施設、病院などだ。

企業では航空機や関連部品の製造業が、保存機・展示機を持っていることが多い。例えば、日本最大の航空宇宙メーカーである三菱重工では、小牧空港に隣接する自社の工場敷地内に過去に製造した航空機を並べている。また、名古屋市内に史料室を設けて、旧軍時代の機体や資料を展示・公開している。

航空関連のコースを持つ大学や高等専門学校も、保存機・展示機を所有していることがある。例えば、山梨と能登にキャンパスを持つ日本航空学園では、用途廃止となった自衛隊機を何機か借り受けて、整備などの教材として活用している。また、東京都の都立産業技術高等専門学校では「科学技術展示館」という施設に航空機やエンジンなどを保存・展示しており、その一部は日本航空協会の重要航空遺産に指定されるほど貴重なものだ。急患輸送の訓練用に、ヘリコプターを置いている学校もある。

そのほか、高い所に設置して店舗のアイキャッチャーとしている商業施設、臨場感を出すために廃棄処分の機体をフィールド内に配置したサバイバルゲーム場などもある。

自衛隊から貸借した航空機を、展示・公開している企業もある。写真は淡路島にあるミツ精機「翼の広場」にある T-1B 練習機　写真：山本晋介

台座に乗せて展示された戦闘機はカッコいい。航空自衛隊千歳基地の F-104J　写真：鈴崎利治

ゲートガードの展示機は、基地開放イベントで通る道沿いに展示されていることも多い。海上自衛隊 下総航空基地　写真：編集部

Column 2

保存機・展示機は個人宅にもある

国内には軍用機の一部もしくは丸々一機を保有するコレクターがいる。どんな方法でそれを手に入れ、どのように楽しんでいるのだろうか？ 簡単にではあるが、ここで紹介しよう。

8畳ほどのスペースに所狭しと並ぶ、F-86F ブルーインパルスの機首、垂直尾翼、F-4EJ の射出座席、飛行服、コクピット計器盤の数々にヘルメットなど。いずれも本物で、持ち主の辻村伸一さんが長い時間をかけてひとつずつ集めてきたもの。こんなヒコーキ趣味もあるのだ
写真：辻村伸一

個人コレクターが所有する機体には自衛隊や米軍から無償貸与されたものもある。しかし大部分は、機体を廃棄する際の解体基準が現在ほど厳しくなかった時代に、業者が引き取った「形の残る部分」を購入し、自力で再び組み立てたものだ。

機種を記せばT-6またはSNJ、F-86D、F-86F、F-104J/DJ、T-2、T-33A、T-34A、T-1A/Bあたりがメインだろうか。中には米軍のA-4やAV-8の機首部分をお持ちの方もいる。

これらは時代と共に所有者を変えながら「流通」している。お値段は十万円台から数百万円程度（輸送料別）と聞いており、機体の大きさや状態、修復／復元の程度により大きな差がある。中にはバラバラのパーツを買い集めて丸々一機を再生したケースもある。

これらは私設博物館を開設したり屋上や庭先に設置して一般に公開する例もあるが、室内に機首部分を置いて個人で楽しむケースもあるようだ。

（文：山本晋介）

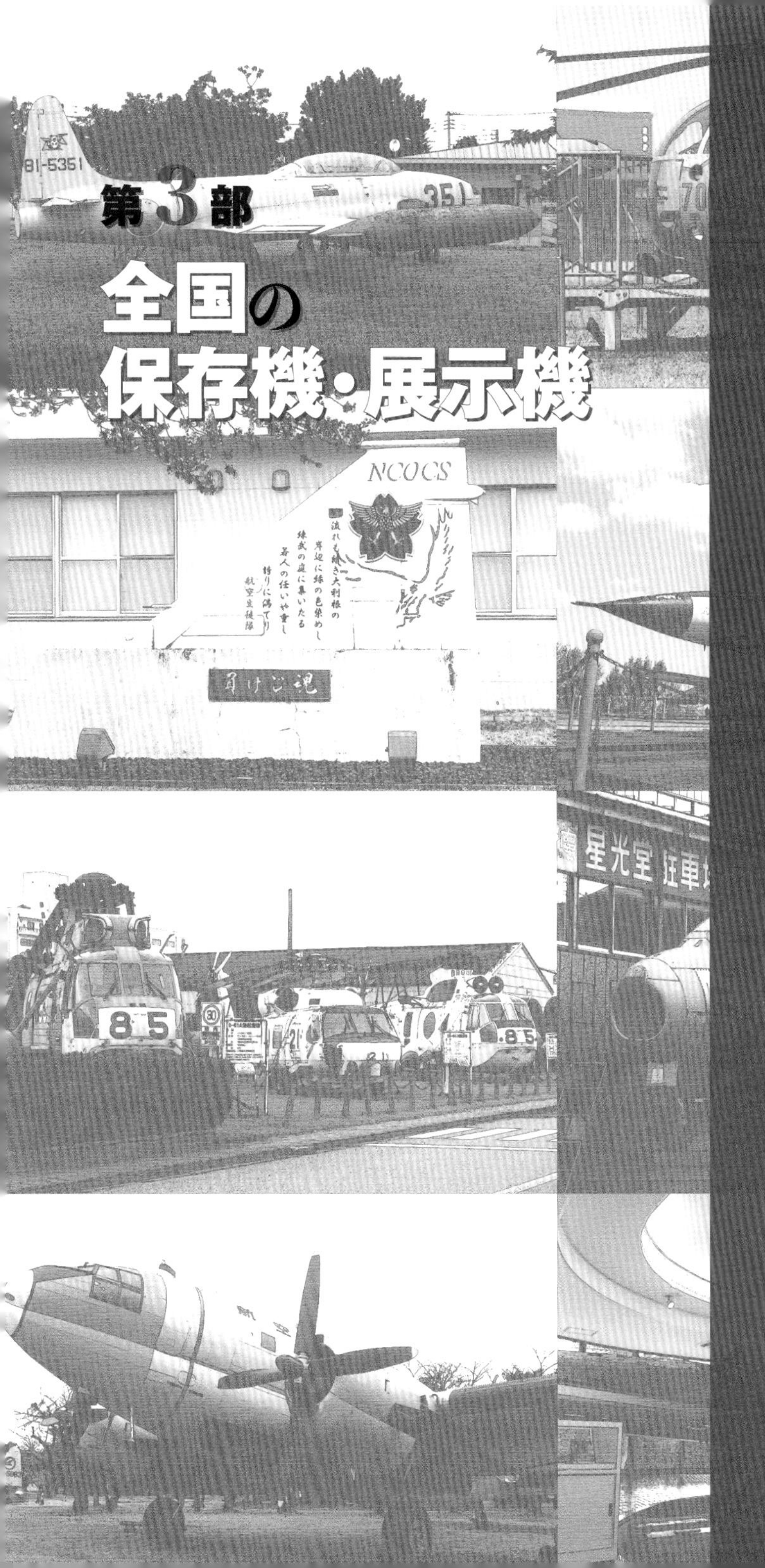

第3部 全国の保存機・展示機

スマホ片手に出かけよう♪ 日本の飛べないヒコーキめぐり

ガイド本編の見かた

ここからははじまる第３部「全国の保存機・展示機」が、本書のメイン部分だ。全国約 250 か所にある保存機・展示機 600 機以上を紹介している。見かた、使いかたをここで確認してほしい。

都道府県と名称

保有者や保有施設の名称。地名には（ ）で読みがなを添えた。公園には市町村名を添えた。

所在地など

郵便番号と所在地。博物館の場合は、代表電話の番号とウェブサイトの URL を追加した。

保存機・展示機リスト

そこにある機体のリスト。現役時代の所属、制式名称と用途、機体に記入されている機番を示した。名称の横の📷は、写真を掲載した機体であることを示している。
特記すべき情報がある機体には、※を付して脇に注記を加えた。旧軍機の場合は、それが実機である場合や実機をベースにした復元機である場合に注記で記している。実物大模型の場合には何も書かないので、ご注意いただきたい。

静岡県　航空自衛隊 静浜（しずはま）基地

〒 421-0201 静岡県焼津市上小杉 1602

空自	T-3 練習機📷	機番 91-5511
空自	F-86F 戦闘機	機番 62-7417 ※1
空自	T-3 練習機	機番 81-5501 ※2
空自	T-34A 練習機	機番 61-0390
空自	T-6F 練習機📷	機番 52-0011

※1 主翼に境界層板付き。※2 T-3 初号機。

34.8146 138.2889
34.8132 138.2890

QR コードと経緯度

展示機を上空からの衛星写真で楽しむためのものであり、大きな公園や駐屯地・基地などで展示機の場所を探すための座標だ。スマホやタブレット端末で QR コードを読み取るか、Google マップまたは Google Earth（グーグルアース）で経緯度を打ち込むと、その上空へ飛んでいける。

※まれに QR コードが正常に読み取れないことがあります。その点はご了承ください。

マップは「地図」ではなく「航空写真」モードで表示しよう。すると、地上に並んでいる航空機が見えることがある

自衛隊機の機番の見かた

軍用機には1機、1機、機体番号がある。機首や胴体、垂直尾翼など、横から見える場所に記入する。機種によって始まりの数字が決まっており、通し番号なので、その機種の何番目の製造機かがわかるしくみだ。

陸上自衛隊機では5桁、海上自衛隊機では4桁の番号を採用している。機体のどこかにフルの番号を、機首に下2桁を記すきまりだ。陸自機では「JG-下4桁」という書き方もする。

航空自衛隊は、2桁と4桁の数字をハイフン(-)でつないだ番号だ。下3桁が通し番号になっていて、垂直尾翼などに6桁の番号を、機首には下3桁だけを記す。一番最初の数字は、領収年の下1桁を示している。他にもルールはあるが、保存機・展示機を楽しむだけなら、ここまで知っておけば大丈夫だろう。

航空自衛隊
02-8801

海上自衛隊
5501

陸上自衛隊
31311

機首に記入する数字

国内に二か所ある航空自衛隊のパイロット初等訓練基地のうち、東の拠点。T-7練習機を装備する第11飛行教育団が活動している。基地庁舎前に先代の練習機であるT-3が展示されているほか、基地内駐車場の片隅にF-86Fが置かれている。また格納庫内にはT-6F、T-34A、T-3(初号機)が保管されている。例年初夏に行われる航空祭でこれらの機体を見ることができる。近年はF-86Fには近づけないことが多い。

解説文

保有者または保有施設、および保有機についての簡単な紹介部分。旧軍機や自衛隊機・米軍機以外の機体も保有している場合は、できるだけここで触れている。
博物館施設については、開館時間と休館日を記載している。月曜休館の館では、月曜日が祝日である場合にその日を開館して、翌日火曜を休館日とする館が多いので注意しよう。

写真

「機体リスト」にある保存機・展示機の写真。写真が見にくくなるので解説は入れていない。どの機体が写っているかは、リスト中の📷と写真に写った機番を見て判断できる。それでも判明しなければ、138ページからの第5部に掲載した図面で判断してほしい。
写真クレジットは、特別に提供を受けた写真を除き、隅に記した記号で示している。

＊＝鈴崎利治　…＝佐藤正孝　♮＝中井俊治
＃＝周本壮史　♭＝武若雅哉　§＝阿施光南
♪＝小久保陽一　†＝千葉英介　‡＝田津原良則
無印＝山本晋介・編集部

屋根の下に機体があって、上空からの写真で見えない場合は、ストリートビューを使用すると見えることもある

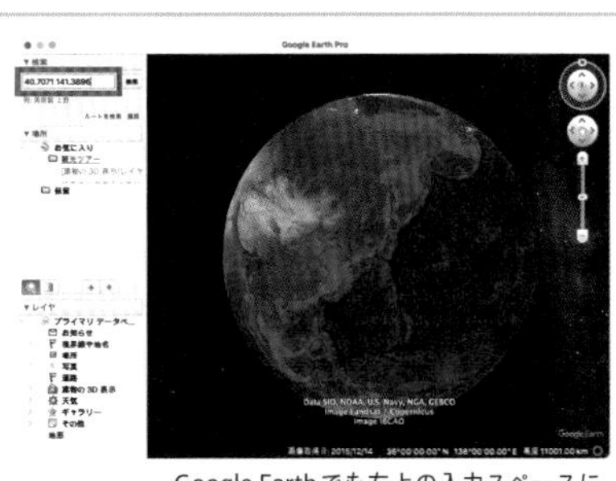

Google Earthでも左上の入力スペースに、2つの数字を入力すればいい。2つの数字の間はスペースを空けよう

広大な大地に駐屯地と訓練機が点在する

北海道エリア

所蔵者／施設：18　保存／展示機：34

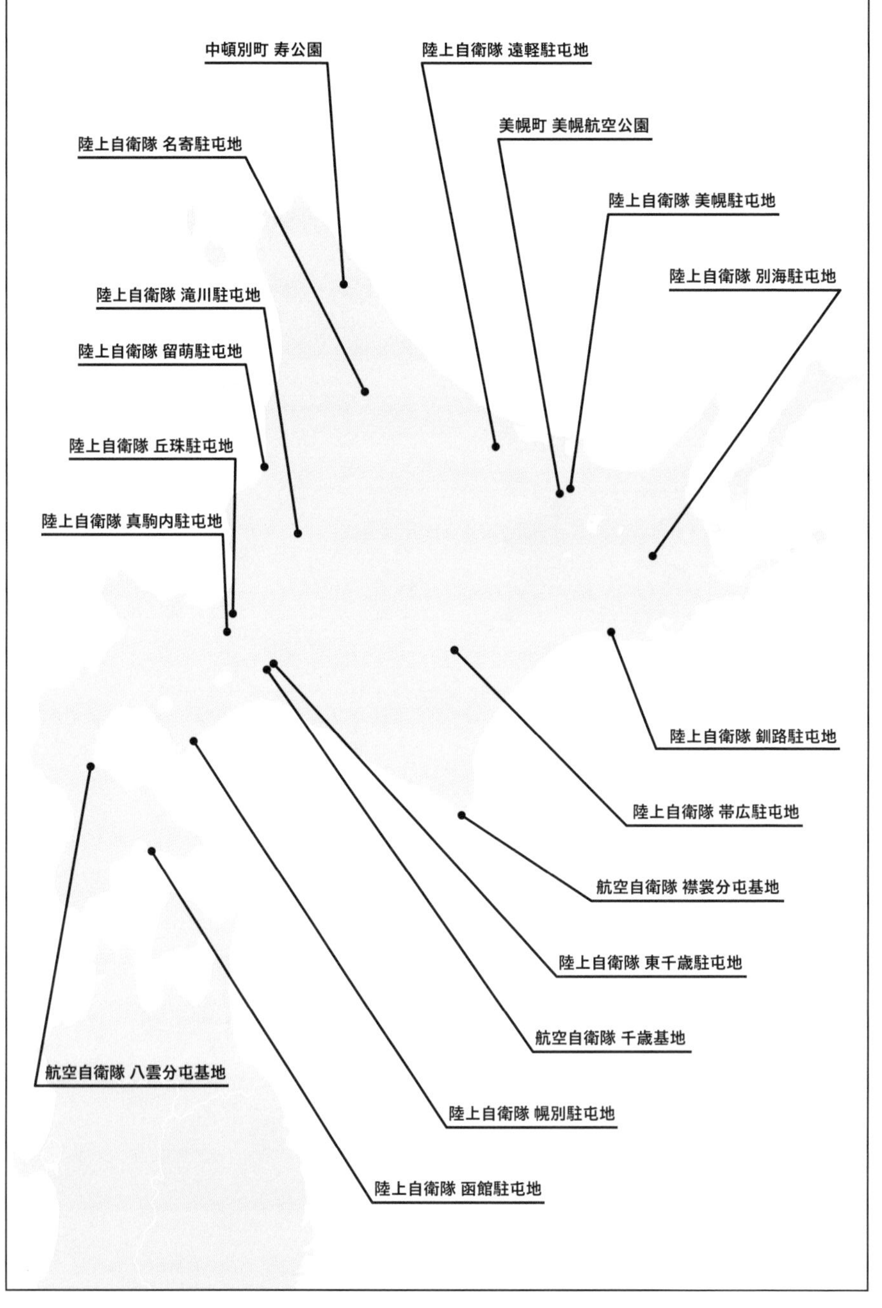

北海道　中頓別（なかとんべつ）町 寿（ことぶき）公園

〒 098-5552 北海道枝幸郡中頓別町寿

空自　F-104J 戦闘機　　機番 46-8568

国道 275 号線沿いの公園に F-104J と蒸気機関車が置かれているが、11 月初旬から 4 月ごろまでは雪害対策のためブルーシートで覆われてしまう。最寄り駅は JR 宗谷本線「音威子府」駅だが 45km ほど離れている。デマンドバスを利用して訪問できるが前日までに予約が必要なので注意すること。

44.9903 142.2922 

北海道　陸上自衛隊 名寄（なよろ）駐屯地

〒 096-0078 北海道名寄市内淵 84

陸自　UH-1B 多用途ヘリ　　機番 41507

日本最北の駐屯地。第 2 旅団の第 3 即応機動連隊などが駐屯している。敷地内に UH-1B、61 式戦車、74 式戦車などが展示されており、例年 7 月ごろの公開行事で見ることができる。

44.3856 142.4390 

北海道　陸上自衛隊 留萌（るもい）駐屯地

〒 077-0015 北海道留萌市緑ケ丘町 1-6

陸自　UH-1H 多用途ヘリ　　機番 41726※

※訓練機。

第 2 旅団隷下の第 26 普通科連隊などが駐屯している。グランドにテイルローターの無い UH-1H が訓練機として置かれている。夏から秋ごろに行われる公開行事で見ることができる。

43.9327 141.6672 

北海道　陸上自衛隊 遠軽（えんがる）駐屯地

〒 099-0411 北海道紋別郡遠軽町向遠軽

陸自　UH-1B 多用途ヘリ　　機番 41558

道北を守る第 2 旅団の隷下にあり、第 25 普通科連隊などが駐屯している。敷地内には UH-1B、61 式戦車、74 式戦車などが展示されていて公開行事の際に見ることができる。

44.0543 143.5461 

北海道　陸上自衛隊 美幌（びほろ）駐屯地

〒092-0018 北海道網走郡美幌町田中

陸自	UH-1B 多用途ヘリ	機番 41543
陸自	OH-6J 観測ヘリ	機番 31055
陸自	V-107 輸送ヘリ	機番 51701

道東を守る第5旅団の隷下にあり、第6即応機動連隊などが駐屯している。正門ゲート奥にOH-6J、UH-1B、V-107が展示されており、公開行事の際に見ることができる。

43.8209 144.1585
43.8205 144.1603

北海道　美幌（びほろ）町 美幌（びほろ）航空公園

〒092-0006 北海道網走郡美幌町昭野

空自	T-33A 練習機	機番 81-5387

網走川の河川敷に設けられ、ウルトラライトプレーンの発着が可能な簡易滑走路を有する公園。かつては5機の展示機があったが、現在はT-33Aのみ。公園利用率と維持費等の点から公園の在り方が問われており、近い将来には撤去される可能性が高い。

43.812 144.0759

北海道　陸上自衛隊 別海（べつかい）駐屯地

〒088-2576 北海道野付郡別海町西春別

陸自	OH-6J 観測ヘリ	機番 31043
陸自	UH-1H 多用途ヘリ	機番不明※

※訓練機

第2旅団の第5偵察隊などが駐屯している。グランド前にOH-6J、61式戦車、74式戦車などが展示されており、公開行事の際に見ることができる。敷地西部の演習エリア内に置かれた訓練用のUH-1Hは、近づいて見ることができない。

43.4298 144.7468
43.4285 144.7436

北海道　陸上自衛隊 釧路（くしろ）駐屯地

〒088-0604 北海道釧路郡釧路町別保112

陸自	UH-1H 多用途ヘリ	機番 41619※

※訓練機。

第5旅団の第27普通科連隊などが駐屯している。敷地内にUH-1Hが置かれているが、朽ちかけている。写真は訓練機が2機あった当時（2008年）のもの。

43.0155 144.4568

北海道　陸上自衛隊 帯広（おびひろ）駐屯地

〒080-0857 北海道帯広市南町7線31

陸自	OH-6D 観測ヘリ	機番 31262
陸自	OH-6D 観測ヘリ	機番 31306※

※帯広地方協力本部の保有機。

道東を守る陸自・第5旅団が司令部を置く駐屯地。敷地内に十勝飛行場を有しており、道内で2番目、陸上自衛隊全体でも5番目に広い駐屯地だが、展示機は駐屯地史料館前のOH-6Dのみだ。このほか、帯広地方協力本部が保有する広報用のOH-6Dを駐屯地倉庫内に保管している。

42.8970 143.1680

北海道　航空自衛隊 襟裳（えりも）分屯基地

〒058-0342 北海道幌泉郡えりも町えりも岬407番地

空自	F-1 支援戦闘機	機番 00-8242

※帯広地方協力本部の保有機。

北海道南部で警戒監視任務を行う第36警戒隊が所在するレーダーサイト。敷地内にF-1が置かれており、おおむね5年ごとに行われる公開行事の際に見ることができる。

41.9631 143.2223

北海道　航空自衛隊 千歳（ちとせ）基地

〒066-8510 北海道千歳市平和 無番地

空自	F-104J 戦闘機	機番 46-8574
空自	F-86F 戦闘機	機番 62-7415※1
空自	F-86D 戦闘機	機番 04-8199
空自	F-4EJ 改 戦闘機	機番 47-8345
空自	T-33A 練習機	機番 71-5303※2

※1 主翼に境界層板付き。※2 かつては展示機だった。

北の空を守る戦闘機基地。第2航空団のF-15JとT-4、航空救難団のU-125AとUH-60J、そして特別航空輸送隊の政府専用機B-777が配備されている。正門から250mほど入った場所にF-86F、F-86D、F-104J、F-4EJ改の4機とナイキJミサイルが展示されており、例年7月末から8月上旬ごろに開催される航空祭で見ることができる。元展示機だったT-33Aは、2016年ごろから基地南端に置かれている。

42.8129 141.6522
42.7791 141.6631

北海道　陸上自衛隊 東千歳（ひがしちとせ）駐屯地

〒066-8577 北海道千歳市祝梅 1016

陸自	OH-6D 観測ヘリ	機番 31276
陸自	OH-6J 観測ヘリ📷	機番 31111
陸自	UH-1H 多用途ヘリ	機番不明※
陸自	UH-1H 多用途ヘリ	機番不明※
陸自	UH-1H 多用途ヘリ	機番不明※
陸自	V-107 輸送ヘリ	機番 51707※

※いずれも訓練機。

第 7 師団司令部などが駐屯しており、隣接する北海道大演習場などを合わせると陸自最大の敷地面積を有する。数か所にヘリコプターが置かれているが、近づくことができないので機番の不明な機体がある。また公開時に見られる機体であっても衛星画像では機影を確認することが困難なものがあるため、この駐屯地内のどこに何号機が置かれているのか正確なことはわからない。

42.8433 141.7242
42.8430 141.7183

北海道　陸上自衛隊 幌別（ほろべつ）駐屯地

〒059-0024 北海道登別市緑町 3-1

陸自	UH-1H 多用途ヘリ	機番 41653※

※訓練機。

42.4012 141.0925

第 13 施設群などが駐屯している。正門奥の通信アンテナ塔の基部付近に UH-1H が置かれている。2019 年度の公開行事の際には近くで見ることができたが、常に開放エリアとなるかどうかは微妙な場所だ。

北海道　陸上自衛隊 滝川（たきかわ）駐屯地

〒073-0042 北海道滝川市泉町 236

陸自	UH-1H 多用途ヘリ	機番 41699※

※訓練機。

第 10 即応機動連隊などが駐屯している。グランドの片隅に UH-1H が置かれており、公開行事の際に見ることができる。

43.5760 141.9022

北海道　陸上自衛隊 丘珠（おかだま）駐屯地

〒007-8503 北海道札幌市東区丘珠町 161

陸自	V-107 輸送ヘリ📷	機番 51703
陸自	OH-6D 観測ヘリ	機番 31294※1
陸自	UH-1H 多用途ヘリ	機番 41727※2

※1 教材機。北部方面野整備隊の教材機、イベント出展あり。
※2 訓練機。北海道で最後に引退した UH-1H。

民間との共用である丘珠飛行場にあり、北部方面航空隊などが駐屯する。ゲート奥に V-107 が展示されており、公開行事の際に見ることができる。OH-6D は航空野整備隊の訓練機で屋内補完。近隣で行われるイベントに出張展示されることもある。UH-1H は「つどーむ」脇の廃機材置き場に数年前から置かれている。

43.1189 141.3761
43.1134 141.3781

北海道　陸上自衛隊 真駒内（まこまない）駐屯地

〒 005-0861 北海道札幌市南区真駒内 17

陸自	UH-1H 多用途ヘリ	機番 41712
陸自	UH-1H 多用途ヘリ📷	機番 41658※

※訓練機。

道東・道南を守る第 11 旅団の司令部などが駐屯する。駐屯地内には 1 ～ 3 号館およびサイロ館の 4 棟の史料館があり、3 号館の脇に UH-1H が展示されている。見学は 1 週間前に予約が必要。詳細は HP で確認しよう。また国道 453 号線沿いの駐屯地北端部にも UH-1H が置かれている。

43.0056 141.3560
43.0141 141.3563

北海道　航空自衛隊 八雲（やくも）分屯基地

〒 049-3118 北海道二海郡八雲町緑町 34

空自	T-33A 練習機	機番 81-5351

1,800m の滑走路がある有事の際の代替飛行場で、北部高射群第 20、第 23 高射隊が配置されている。正門奥に T-33A が置かれており、基地開放イベントの際に見ることができる。

42.2466 140.2772

北海道　陸上自衛隊 函館（はこだて）駐屯地

〒 042-8567 北海道函館市広野町 6-18

陸自	UH-1B 多用途ヘリ	機番 41589

北海道最南端の駐屯地。第 28 普通科連隊などが駐屯する。公開行事の際には訓練用に置かれた UH-1B と史料館近傍の 74 式戦車などを見ることができる。

41.7785 140.7677

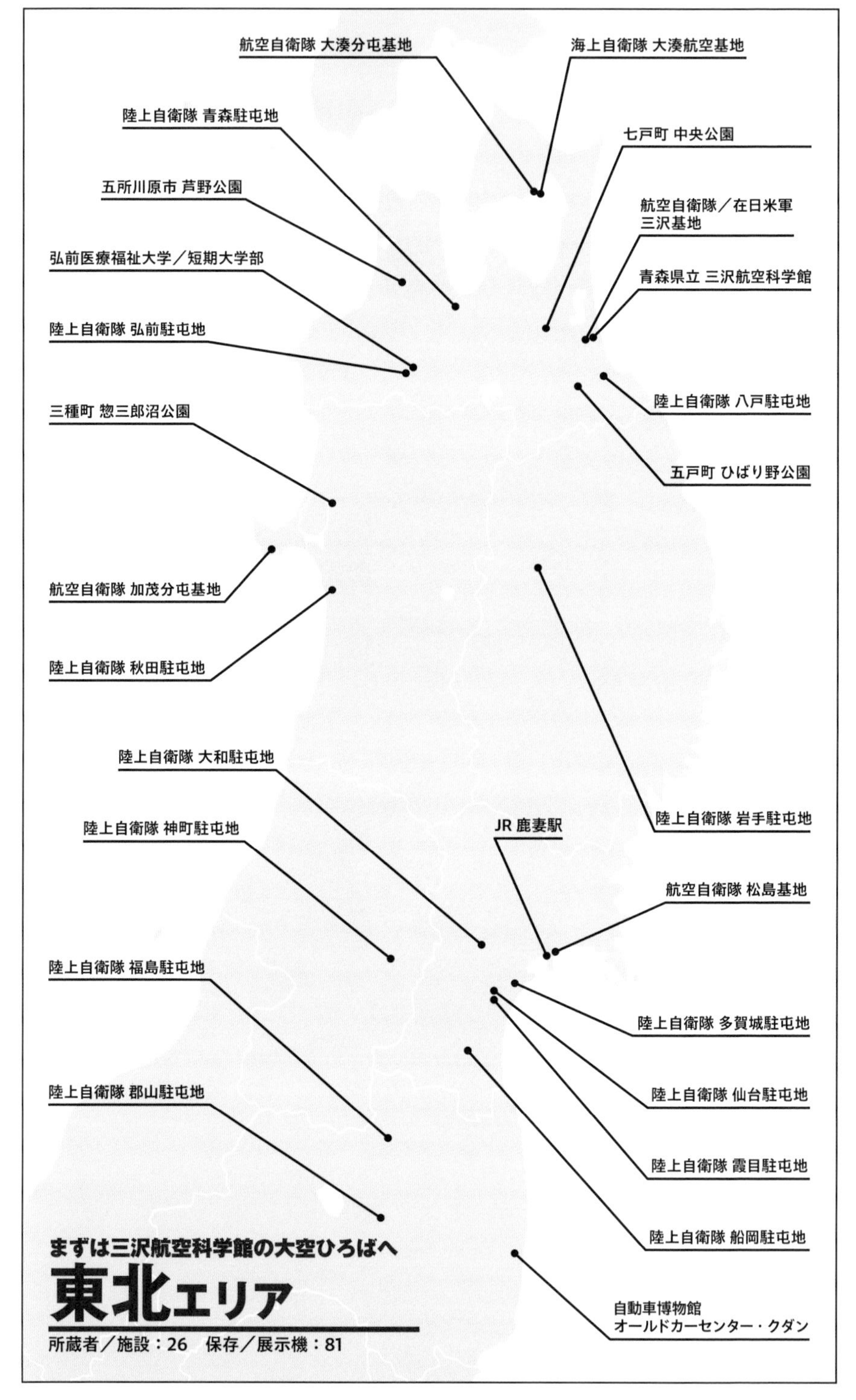

まずは三沢航空科学館の大空ひろばへ

東北エリア

所蔵者／施設：26　保存／展示機：81

青森県　航空自衛隊 大湊（おおみなと）分屯基地

〒 035-0096 青森県むつ市大湊大近川 44

空自	F-104J 戦闘機	機番 46-8622

本州の最北端、下北半島の釜臥山に据え付けた FPS-5「ガメラレーダー」によって日本海側と太平洋側の上空を監視する第 42 警戒隊が所在する。敷地内には F-104J があり、夏祭り（盆踊り）で分屯基地が一般公開された時に撮影されたことがある。しかし、毎年見られるかどうかは分からない。

41.2528 141.1281

青森県　海上自衛隊 大湊（おおみなと）航空基地

〒 035-0095 青森県むつ市大字城ヶ沢字早崎 2

海自	HSS-2B 対潜ヘリ📷	機番 8162※1
海自	SH-60J 哨戒ヘリ	機番 8225※2

※1 HSS-2 の最終号機。真の機番は 8167。※2 真の機番は 8249。

第 25 航空隊の SH-60K が配備されている。基地ゲート前に HSS-2B と SH-60J が展示されていて、いつでも見ることができる。HSS-2B は生産最終号機の 8167 号機だが、「陸奥」の語呂合わせで数字を "62" へと書き換えている。また SH-60J は 8249 号機の機番を第 25 航空隊の "25" に合わせて "8225" へと書き換えている。

41.2397 141.1338

青森県　航空自衛隊 / 在日アメリカ軍 三沢（みさわ）基地

〒 033-0022 青森県三沢市大字三沢字後久保 125-7

空自	F-86F 戦闘機📷	機番 62-7508
空自	F-1 支援戦闘機	機番 80-8223
空自	F-1 支援戦闘機	機番 233※
米空	F-16A 戦闘機📷	機番 78-0053
米空	F-4C 戦闘機	機番 64-0679

※機首を広報館に展示。真の機番は 00-8241。

航空自衛隊と米空・海軍の共用基地。日本の北の空を守る空自・北部航空方面隊司令部があり、F-35A 戦闘機、T-4 練習機、CH-47J 輸送ヘリ、E-2C/D 早期警戒機、RQ-4B 偵察用無人機、そして米空軍の F-16 戦闘機、米海軍の EA-18G 電子戦機、P-8 哨戒機、さらに民間旅客機と多くの現用機が見られる。基地正門から約 400m 入った場所に F-1 と F-16A が展示されており、例年 9 月初旬に行われる航空祭の時に撮影可能だ。基地内には F-4C と F-86F が置かれているが、近年の航空祭時にはこのエリアは公開されていない。

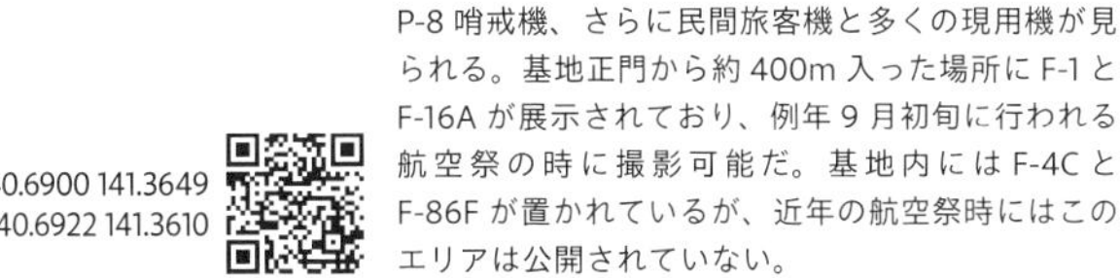

40.6900 141.3649
40.6922 141.3610

青森県　青森県立 三沢（みさわ）航空科学館

〒033-0022 青森県三沢市三沢北山158　0176-50-7777　https://www.kokukagaku.jp/

空自	F-104J 戦闘機	機番 76-8699
空自	F-1 支援戦闘機	機番 00-8247※1
米空	F-16A 戦闘機	機番 78-0021
空自	F-4EJ 改 戦闘機	機番 57-8375
陸自	LR-1 連絡偵察機	機番 22009
陸自	OH-6D 観測ヘリ	機番 31270
空自	T-2 練習機	機番 59-5105
空自	T-2 練習機	機番 29-5177※2
空自	T-3 練習機	機番 91-5516
空自	T-33A 練習機	機番 81-5344
米海	UP-3A 人員（高級幹部）輸送機	機番 150526

※1 退役時の特別塗装で展示。
※2 ブルーインパルス機。

三沢飛行場（空自·在日米軍の三沢基地、三沢空港）に隣接する。館内にはミス・ビードル号（1931年に近隣の淋代海岸からアメリカ西海岸へ世界初の太平洋無着陸横断飛行に成功）と航研機（1938年に周回航続距離の世界記録を樹立）のレプリカ、ホンダジェットの技術実証機、YS-11の実機などが展示され、最近は宇宙関連の展示にも力を入れている。屋外の「大空ひろば」には11機の自衛隊機、米軍機が並ぶ。三沢駅から博物館まで行くバスがシーズン中の土日祝日には運行されるが本数は少なく、車がないと訪問は難しい。開館時間は9:00 ～ 17:00（入館16:30まで）、休館日は月曜日と年末年始。

写真提供：Honda Aircraft Company

40.7071 141.3896

写真提供：青森県立三沢航空科学館

青森県　七戸（しちのへ）町 中央公園

〒 039-2826 青森県上北郡七戸町中野

海自	HSS-2B 対潜ヘリ	機番 8165

東北新幹線「七戸十和田」駅の北北東約 2km にある市営公園。屋内スポーツセンター脇に HSS-2B が機首を西北西に向けて置かれており、機体左側をほぼ一日中順光で撮影可能だ。スポーツセンターは月曜休館だが、機体撮影だけならいつでも可能だ。

40.7386 141.1644 

青森県　陸上自衛隊 八戸（はちのへ）駐屯地

〒 039-2241 青森県八戸市市川町桔梗野官地

陸自	UH-1H 多用途ヘリ	機番 41662
陸自	UH-1H 多用途ヘリ	機番 41718 ※1
陸自	OH-6D 観測ヘリ	機番 31178 ※2
陸自	TH-55J 練習ヘリ	機番 61336 ※3

※1 訓練機。
※2 テイルは 31201 号機のもの。
※3 2020 年以降の状況不明。

東北方面航空隊や第 4 地対艦ミサイル連隊などが駐屯する。海上自衛隊の八戸航空基地とは滑走路を挟んで向かいの北側に位置しており、敷地内の防衛館の周囲に OH-6D、TH-55J、UH-1H や 61 式戦車、74 式戦車などの展示車両などが置かれている。TH-55J は陸自駐屯地の展示機では最後の 1 機。国内には他に、自衛隊から民間に渡った 2 機が現存する。OH-6D の 31178 号機には 31201 号機のテールブームが取り付けられている。敷地内には訓練用の UH-1H も存在する。

40.5486 141.4514
40.5519 141.4516 

青森県　五戸（ごのへ）町 ひばり野公園

〒 039-1524 青森県三戸郡五戸町豊間内地蔵平 1-275

空自	T-34A 練習機	機番 71-0432

総合運動場（公園）の野球場とサッカー場の間に設けられた休憩所の脇に T-34A が置かれている。ここには複数の駐車場とグラウンドがあるので、無駄に歩くことのないように事前に衛星写真等で機体の位置を確認しておこう。

40.5106 141.3290 

青森県　陸上自衛隊 青森（あおもり）駐屯地

〒 038-0022 青森県青森市浪館近野 45

陸自	UH-1H 多用途ヘリ	機番 41697※

※訓練機。2019 年ごろ基地内移転。

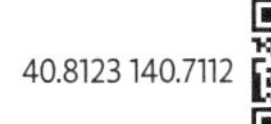
40.8123 140.7112 

青森市街地の西郊にある。本州最北端の陸上自衛隊駐屯地で、北東北の守りを担当する第 9 師団の司令部などが駐屯する。

青森県　五所川原（ごしょがわら）町 芦野（あしの）公園

〒037-0202 青森県五所川原市金木町芦野 84-170

空自	T-2 練習機	機番 69-5125

桜のトンネルで有名な津軽鉄道「芦野公園」駅に隣接する児童公園に、T-2 後期型が機首を南東に向けて置かれている。機体右側は午前 10 時ごろから順光となるが左側は終日逆光だ。コクピット見学用の台座があるものの、中を覗くと計器類はほとんど取り除かれていてがっかりする。

40.9112 140.4529 

青森県　陸上自衛隊 弘前（ひろさき）駐屯地

〒036-8533 青森県弘前市大字原ケ平字 山中 18-117

陸自	OH-6D 観測ヘリ📷	機番 31134※
陸自	UH-1H 多用途ヘリ	機番 41692
陸自	UH-1H 多用途ヘリ	機番不明

※ 2018 年 4 月 21 日公開日に確認。

北東北を守る第 9 師団の隷下の第 39 普通科連隊などが駐屯する。正門奥に OH-6D と UH-1H が展示されており、公開行事の際に見ることができる。

40.5682 140.4629 

青森県　弘前（ひろさき）医療福祉大学 / 短期大学部

〒036-8102 青森県弘前市小比内 3 丁目 18 番地 1

陸自	UH-1H 多用途ヘリ	機番 41716

救急救命学科の教材として大学前の駐車場に UH-1H が置かれており、本機と救急用自動車の間における傷病者の受け渡し訓練を行っている。

40.5873 140.5008 

岩手県　陸上自衛隊 岩手（いわて）駐屯地

〒020-0601 岩手県滝沢市後 268-433

空自	T-6G 練習機📷	機番 72-0147
陸自	OH-6D 観測ヘリ	機番 31179

東北方面特科連隊などが駐屯する。正門奥に OH-6D、T-6G や車両などが展示されていて公開行事の際に見ることができる。

39.8370 141.1091 

秋田県　航空自衛隊 加茂（かも）分屯基地

〒 010-0664 秋田県男鹿市男鹿中国有地内

空自	F-1 支援戦闘機	機番 00-8249

秋田県男鹿半島の中央部に位置し、日本海上空を監視する第 33 警戒隊が所在する。敷地内には F-1 戦闘機が置かれており、例年秋の一般公開行事の際に見ることができる。2023 年度からは一般見学を受け入れるようになったようで HP には見学要領が記されている（一か月前に要予約）。

39.9132 139.7813 

*

秋田県　陸上自衛隊 秋田（あきた）駐屯地

〒 011-8611 秋田県秋田市寺内将軍野 1

陸自	UH-1B 多用途ヘリ	機番 41575

39.7642 140.0835

第 9 師団隷下の第 21 普通科連隊などが駐屯する。UH-1B の訓練機が敷地内グランドに置かれているが、公開行事の際でも見ることは困難だ。

秋田県　三種（みたね）町 惣三郎沼（そうざぶろうぬま）公園

〒 018-2303 秋田県山本郡三種町森岳東堤沢 72-44

空自	T-33A 練習機	機番 51-5637

惣三郎沼公園の南端付近、というよりも場外馬券売場「テレトラック山本」の脇に T-33A が機首を北西に向けて置かれている。機首や垂直尾翼に記入されたシリアルナンバーや日の丸は消されており、代わりにご当地キャラクターである河童が描かれている。

40.0857 140.0875 

山形県　陸上自衛隊 神町（じんまち）駐屯地

〒 999-3765 山形県東根市神町南 3-1

陸自	LR-1 連絡偵察機	機番 22014
陸自	OH-6D 観測ヘリ	機番 31175
陸自	UH-1H 多用途ヘリ	機番 41704
陸自	UH-1H 多用途ヘリ	機番 41710 ※
陸自	UH-1H 多用途ヘリ	機番 41719
陸自	V-107 輸送ヘリ	機番 51717
陸自	V-107 輸送ヘリ	機番 51730 ※

※いずれも訓練機。

北東北を守る第 6 師団司令部などが駐屯する。駐屯地の東西を走るメイン道路に沿って入口付近にある「装備品展示パーク」に LR-1、OH-6D、UH-1H、V-107 の 4 機と車両などが置かれている。また約 1.7km 離れた駐屯地内部に UH-1H と V-107 の 2 機が展示されている。さらに敷地中央部南側エリアに訓練用の UH-1H が置かれている。これらは例年 4 月ごろの公開行事の際に見ることができる。「装備品展示パーク」は平日には簡単な手続きだけで見学できる。詳細は HP で確認しよう。

*

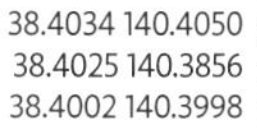
38.4034 140.4050
38.4025 140.3856
38.4002 140.3998

宮城県　航空自衛隊 松島（まつしま）基地

〒981-0503 宮城県東松島市矢本板取 85

空自	F-104J 戦闘機	機番 36-8535
空自	F-2B 戦闘機	機番 23-8110 ※1
空自	F-86F 戦闘機📷	機番 82-7789
空自	T-2 練習機	機番 79-5141 ※2
空自	T-2 練習機📷	機番 29-5176 ※3
空自	T-2 練習機📷	機番 59-5192
空自	T-4 練習機	機番 46-5725 ※4
空自	T-4 練習機📷	機番 26-5804 ※5
空自	T-6G 練習機	機番 52-0080 ※6

※1 震災被災機を利用した教育訓練用コクピット。
※2 機首部分のみの救出訓練用機材。
※3 ブルーインパルス機。
※4 広報展示用垂直尾翼、ブルーインパルス機。
※5 垂直尾翼モニュメント、ブルーインパルス機。
※6 元展示機で真の機番は 52-0129。2017 年ごろ滑走路西側に移動。

第 4 航空団の F-2B と T-4（ブルーインパルスを含む）、航空救難団の U-125A/UH-60J が所在する基地。正門から 100m ほど入ったあたり、ブルーインパルスハンガーの裏手付近に F-86F、 F-104J、T-2 後期型が展示されている。基地北西部の敷地内には用廃となった T-2 の機首が置かれていて救出訓練に利用されている。また 2023 年初頭の時点ではかつての広報展示機 T-6G が主翼を外した状態で置かれている。

38.4126 141.2239
38.4093 141.2116

宮城県　JR 鹿妻（かづま）駅

〒981-0503 宮城県東松島市矢本穴尻

空自	T-2 練習機	機番 69-5128 ※

※航空自衛隊からの無償貸付機。ブルーインパルス塗装。

JR 仙石線「鹿妻」駅前にあるモニュメント。T-2 ブルーインパルス機を台座の上に据え付けている。現在の T-4 ブルーインパルスが松島基地上空で「描きもの」の訓練を行う際に、この機体とスモークの軌跡を重ねて撮影しようと試みる方も少なくないが、なかなか思うような位置では重ならないようだ。

38.4027 141.1905

宮城県　陸上自衛隊 大和（だいわ）駐屯地

〒981-3684 宮城県黒川郡大和町吉岡西原 21-9

陸自	OH-6D 観測ヘリ	機番 31136 ※1
陸自	UH-1H 多用途ヘリ	機番 41708 ※2

※1 テイルブームは 31186 のもの。
※2 訓練機。

第 6 師団隷下の第 6 偵察隊、第 22 即応機動連隊 機動戦闘車隊などが駐屯する。敷地南東部に OH-6D と M24 軽戦車などが展示されており、公開行事の際に見ることができる。また敷地南西部のグランドには UH-1H が訓練用に置かれているが、こちらは見ることはできない。

38.4491 140.8754
38.4505 140.8695

宮城県　陸上自衛隊 多賀城（たがじょう）駐屯地

〒985-0834 宮城県多賀城市丸山 2-1-1

陸自	UH-1H 多用途ヘリ	機番 41730 ※

※訓練機。

第 6 師団隷下の第 22 即応機動連隊などが駐屯する。敷地北東部のグランドに UH-1H が訓練用として置かれている。公開行事の際の公開エリアは年により異なるが、間近に見ることはまずできない。

38.2973 141.0284

宮城県　陸上自衛隊 仙台（せんだい）駐屯地

〒983-8580 宮城県仙台市宮城野区南目館 1-1

陸自	OH-6D 観測ヘリ	機番 31156

陸上自衛隊 東北方面総監部以下の方面直轄部隊などが多数駐屯しており、東北地方の 6 県を守る東北方面隊の中核となる駐屯地。正門近くに OH-6D、61 式戦車、74 式戦車などが展示されており、公開行事の際に見ることができる。

38.2683 140.9211

宮城県　陸上自衛隊 霞目（かすみのめ）駐屯地

〒984-0035 宮城県仙台市若林区霞目 1-1-1

陸自	LR-1 連絡偵察機	機番 22008
陸自	OH-6D 観測ヘリ	機番 31203
陸自	UH-1H 多用途ヘリ	機番 41703

東北方面航空隊などが駐屯する。駐屯地は一般道路を挟んで飛行場地区と隊舎地区に分かれていて、隊舎地区正門周辺に LR-1、OH-6D、UH-1H が置かれている。また飛行場地区の格納庫内には UH-1H と OH-6D が航空野整備隊の訓練機として残されているが、隊舎地区にて展示されることもある。これらの機体は公開行事の際に見ることができる。

38.2378 140.9248

宮城県　陸上自衛隊 船岡（ふなおか）駐屯地

〒 989-1606 宮城県柴田郡柴田町船岡大沼端 1-1

陸自	OH-6D 観測ヘリ	機番 31127
陸自	UH-1H 多用途ヘリ	機番 41694
陸自	V-107A 輸送ヘリ	機番 51812

陸自・東北方面隊直轄の第 2 施設団などが駐屯する。正門脇に OH-6D、UH-1H、V-107A と 61 式戦車、74 式戦車が並んでおり、公開行事の際に見ることができる。

38.0476 140.7796

福島県　陸上自衛隊 福島（ふくしま）駐屯地

〒 960-2192 福島県福島市荒井原宿 1

陸自	UH-1H 多用途ヘリ	機番 41731※1
陸自	UH-1B 多用途ヘリ	機番 41586※2

※1 訓練機。
※2 元展示機、現在は廃棄ヤードにあり、撤去は時間の問題。

37.7078 140.3823

第 44 普通科連隊などが駐屯する。正門脇に UH-1B、OH-6D および戦車などが置かれていたが、2022 年春頃からは新たな建物を造るために敷地内の廃車両置き場に移設されてしまったので本書発行時点では見ることができない。また敷地内に訓練用の UH-1H が置かれているが、こちらは公開時でも見ることはできない。

福島県　陸上自衛隊 郡山（こおりやま）駐屯地

〒 963-0201 福島県郡山市大槻町長右エ門林 1

陸自	OH-6D 観測ヘリ	機番 31146

第 6 高射特科大隊・東北方面特科連隊などが駐屯する。正門近くの防衛館（広報史料館）脇に OH-6D が 74 式戦車などと共に展示されており、公開行事の際に見ることができる。

37.3994 140.3252

福島県　自動車博物館 オールドカーセンター・クダン

〒979-0513 福島県双葉郡楢葉町山田岡仲丸 1-45　0240-25-5766　http://www.kudan.co.jp/oldcarcenter.html

空自	B-65 連絡機	機番 03-3093 ※1
空自	F-104DJ 練習機	機番 26-5001 ※2
空自	F-104DJ 練習機	機番 26-5005 ※3
空自	F-104J 戦闘機	機番 76-8705
空自	F-86F 戦闘機	機番 12-7996
陸自	H-13KH 観測ヘリ	機番 30216 ※4
海自	KM-2 練習機	機番 6243
陸自	L-19E-1 観測・連絡機	機番 11214
陸自	OH-6J 観測ヘリ	機番 31016 ※5
空自	RF-4EJ 偵察機	機番 57-6376 ※6
空自	T-2 練習機	機番 59-5115 ※7
空自	T-33A 練習機	機番 71-5305
空自	T-6G 練習機	機番 72-0022 ※10
陸自	TH-55J 練習ヘリ	機番 61307 ※8
陸自	UH-1B 多用途ヘリ	機番 41581 ※9

※1 元海上自衛隊の 6722。
※2 F-104DJ の初号機。
※3 再組立て前の状態。
※4 陸自唯一の機体。真の機番は 30217。
※5 海上自衛隊の黄塗装で館内展示。
※6 機首部分のみ。
※7 前部胴体のみを保管、非公開。
※8 テイル部分無し。
※9 真の機番は 41531。
※10 真の機番は 72-0176

古くてカッコイイ車のコレクション展示がメインの私企業博物館だが、廃棄された自衛隊機を入手し、再度組立てて展示している。屋外には機首部のみのものを含めて 11 機、屋内に 3 機が置かれているほか、非公開の機体を数機保有している。開館時間は土・日・祝祭日の 10:00 ～ 16:00（入館 15:30 まで）。

37.2424 140.9969

Column 3 退役した自衛隊機は、こうして展示機になる

自衛隊の保存機・展示機は全国に600機以上。1954年の発足からこれまでに退役した機数は4000機以上だから、およそ10機に1～2機の割合で残っている。自衛隊機が展示機になる過程を紹介しよう。

■スクラップか保存か

陸・海・空自衛隊において、定められた耐用命数に達した機体や、事故や故障で使用できなくなった機体は、用途廃止（以下、用廃）となって防衛用の航空機としての使用が終わり、除籍される。その後は、廃棄処分され資源としてリサイクルされるか、航空機の姿のまま第2の人生へと踏み出すかのどちらかになる。

多くの機体はリサイクルへの道を進む。機密に関わる機器等を取り外したうえ、入札で選ばれたスクラップ業者の手で再生できない程度に破壊されてから、基地・駐屯地の外へと運び出される。そして分別され、アルミや鉄などの資源として売り払われる。

そうならない機体が、保存されることになる。そのためには、自衛隊内で「この機体は保存すべき」「訓練用にほしい」と上申されるか、自衛隊以外の外部から「貸してほしい」などと申し入れられるかする必要がある。廃棄手続きの前に承認された場合、保存機となる道がひらける。

■保存される条件

保存されるには、上記のような正当な理由や目的が必要だ。例えば航空自衛隊では、「航空自衛隊における装備品等の保存に関する達」のなかで、

- 実物を見て容易に空自を印象付けることができ、かつ象徴するもの
- 航空防衛力の中枢として空自の任務遂行に貢献してきたもの
- 空自の変遷を示す上で特に重要なもの
- 空自の防衛装備史上、特に技術的価値の高いもの

のうち、いずれかに該当すれば保存指定されるに相応しいとしている。

また、退役後、部外に貸し出される航空機については「防衛省所管に属する物品の無償貸付及び譲与等に関する省令」のなかで、貸し出しの理由を、

スクラップになった海上自衛隊UC-90測量機　写真：鳴門白菊

博物館に貸し出されて移送される航空自衛隊F-4EJ改　写真：中井俊治門白菊

●防衛に関する施策の普及又は宣伝を目的として

と定めている。なお、部外への貸し出しは1年更新であり、貸し付けに伴う輸送、管理、修理等に要する費用は借り受け人側の負担である。

こういった手続きを踏んで生き残った機体は、博物館や公園に置かれたり、基地の門の脇に置かれたりして「展示機」になる。隊内の教育機関の「教材機」になる機体や、実戦部隊の「訓練機」になる機体もある。詳しくは72ページをご覧いただきたい。

稀な例として、他国・他機関に売却されて新たな役目に就く機体もある。フィリピン軍に譲渡されて哨戒機になったTC-90練習機はこれにあたる。

■スクラップからの復活

上記の手順を経ずに現存する機体もある。スクラップからの復元機だ。

自衛隊機が廃棄処分される際、これを買い取る解体業者は「解体要領指定書」に沿って作業する。その書類には「示された位置で機体を切断または破壊し、売払物品の本来の機能・性能が発揮又は回復及び再使用が不可能な状態にする」と記されていて、スクラップ状態のサンプル写真が付いていることもある。

ただしその後は、「本来の機能・性能が発揮又は回復及び再使用が可能な状態で他者に売払うことを禁ずる」という指示なので、装備としての機能が失われていさえすれば、売ってよい。

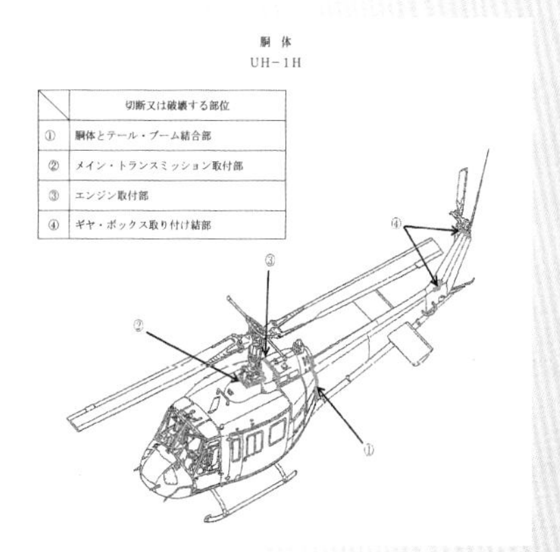
胴 体
UH－1H

	切断又は破壊する部位
①	胴体とテール・ブーム結合部
②	メイン・トランスミッション取付部
③	エンジン取付部
④	ギヤ・ボックス取り付け結部

解体要領指定書の一例　出典：自衛隊地方協力本部のウェブサイト

この仕組みを背景に、全国には、切断されたままの状態で買い取られた機首や翼、さらには組み上げられた機体がわずかながら存在するわけだ。コレクターにとってはありがたい仕組みだった。

しかし、これは過去の話になった。近年の入札仕様書が指定する解体方法だと、再組み立てが極めて困難だからだ。また、材料として売却する以外の目的での転用および転売も禁じているため、以前のようにはいかない。2022年以降に退役した機種で、民間の手による復元機が出現することは、恐らくないだろう。

（文：編集部）

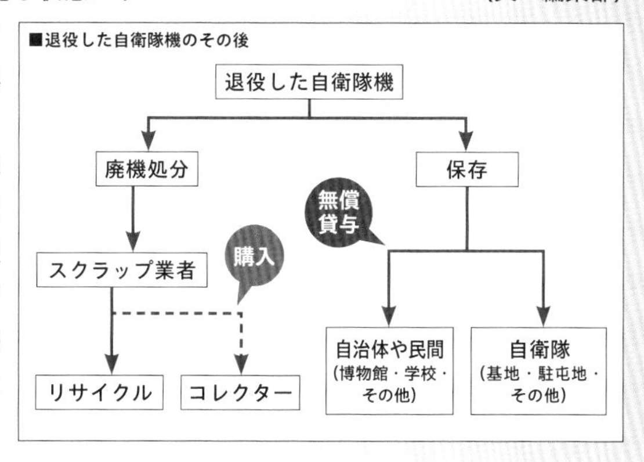

展示機めぐりは百里飛行場からスタート

関東北部エリア

所蔵者／施設：25　保存／展示機：53

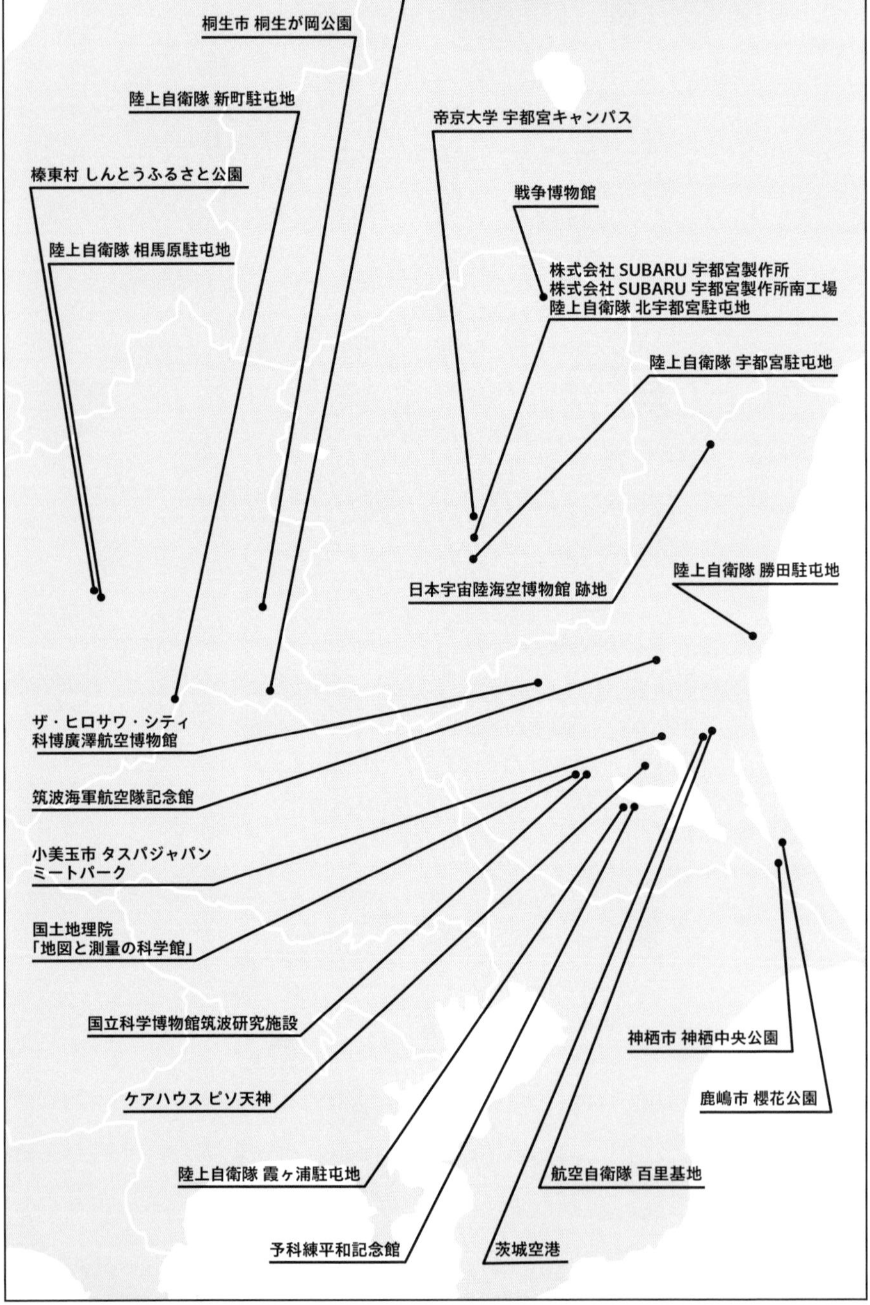

株式会社 SUBARU 矢島工場

桐生市 桐生が岡公園

陸上自衛隊 新町駐屯地

榛東村 しんとうふるさと公園

陸上自衛隊 相馬原駐屯地

帝京大学 宇都宮キャンパス

戦争博物館

株式会社 SUBARU 宇都宮製作所
株式会社 SUBARU 宇都宮製作所南工場
陸上自衛隊 北宇都宮駐屯地

陸上自衛隊 宇都宮駐屯地

日本宇宙陸海空博物館 跡地

陸上自衛隊 勝田駐屯地

ザ・ヒロサワ・シティ
科博廣澤航空博物館

筑波海軍航空隊記念館

小美玉市 タスパジャパン
ミートパーク

国土地理院
「地図と測量の科学館」

国立科学博物館筑波研究施設

ケアハウス ピソ天神

陸上自衛隊 霞ヶ浦駐屯地

予科練平和記念館

神栖市 神栖中央公園

鹿嶋市 櫻花公園

航空自衛隊 百里基地

茨城空港

茨城県　大子（だいご）町 日本宇宙陸海空博物館跡地

〒 319-3511 茨城県久慈郡大子町高柴

空自　T-33A 練習機	機番 71-5307※

※主翼を外し、前後胴体を分割して放置。

袋田の滝の近くにある私設博物館（の跡地？）で、主翼の無いT-33A の前部胴体が台座の上に置かれている。近くには溶断された主翼と外された後部胴体、そして 4 本分の翼端タンクが置かれている。夏場には近寄ることができないくらいの雑草に覆われるが、それでも時々人の手が入れられている様子がうかがえる。ウェブサイトは存在しない。

36.7620 140.4594 

茨城県　陸上自衛隊 勝田（かつた）駐屯地

〒 312-0024 茨城県ひたちなか市勝倉 3433

陸自　UH-1H 多用途ヘリ	機番 41626※
陸自　UH-1H 多用途ヘリ	機番 41627※

※いずれも訓練機。

36.3791 140.5227 

陸上自衛隊施設学校などが駐屯する。敷地南西部に 2 機の UH-1H が訓練用に置かれているが、公開行事の際でも見ることはできない。

茨城県　笠間（かさま）市 筑波（つくば）海軍航空隊記念館

〒 309-1717 茨城県笠間市旭町 654　https://p-ibaraki.com/

海軍　零式艦上戦闘機二一型	機番 V-128※

※実物大模型。

筑波海軍航空隊は旧海軍の戦闘機パイロット養成部隊。現存する司令部庁舎を展示館とし、同航空隊の関連資料などとともに零戦二一型の実物大模型を展示している。開館時間は 9:00 ～ 17:00（入館は 16:00 まで）、休館日は毎週火曜と年末年始。

36.3329,140.3105 

写真提供：筑波海軍航空隊記念館

茨城県　科博廣澤（かはくひろさわ）航空博物館

〒 308-0811 茨城県筑西市 ザ・ヒロサワ・シティ　http://shimodate.jp/aviation-museum.html

海軍　零式艦上戦闘機二一型	機番 53-122※

※中島飛行機製 31870 号機。

筑波山の麓の広大な敷地をアミューズメントパークにした「ザ・ヒロサワ・シティ」にある、国立科学博物館の分館。格納庫型の建物の中に、複座型の零戦二一型、YS-11 量産初号機、南極で使用された S-58 ヘリコプターなど科博が所蔵する航空機 5 機を陳列している。零戦は、ラバウルの前線において複座型に改造された機体。戦後に海中から引き上げ、復元した。2024 年中に開館予定。

36.2925 140.0184 

関東

茨城県　小美玉（おみたま）市 タスパジャパンミートパーク

〒 311-3434 茨城県小美玉市栗又四ヶ 2316-1

空自	T-33A 練習機	機番 71-5242

小美玉市営の運動公園で、もともとの名称は玉里運動公園。T-33A が置かれている。周囲に桜の樹があるので観桜シーズンには良い絵になりそうだが、機体の周囲が金網で囲われているため写真は撮りづらい。この公園は 2018 年からのネーミングライツ事業により「タスパジャパンミートパーク」という愛称がつけられている。

36.1821 140.3221

茨城県　茨城（いばらき）空港

〒 311-3416 茨城県小美玉市与沢 1601-55

空自	F-4EJ 改 戦闘機	機番 37-8319
空自	RF-4EJ 偵察機	機番 87-6412

茨城空港に隣接する広場に F-4EJ 改と RF-4EJ が置かれている。深夜から早朝は閉鎖されるが、機材があれば夜間撮影も可能なのでフォトジェニックな夜間撮影にも挑戦してみよう。2022 年春に再塗装され、現役時代の美しさを取り戻している。

36.1765 140.4068

茨城県　航空自衛隊 百里（ひゃくり）基地

〒 311-3415 茨城県小美玉市百里

空自	F-1 支援戦闘機	機番 60-8274
空自	F-104J 戦闘機	機番 46-8630
空自	F-4EJ 改 戦闘機	機番 17-8437
空自	F-86D 戦闘機	機番 04-8167
空自	F-86F 戦闘機	機番 92-7885
空自	T-33A 練習機	機番 51-5629
空自	T-2 練習機	機番 29-5175 ※1
空自	RF-4E 偵察機	機番 47-6901
空自	RF-4E 偵察機	機番 47-6902 ※2
空自	RF-4EJ 偵察機	機番 57-8373 ※3
空自	RF-4EJ 偵察機	機番 97-6418 ※3

※1 ブルーインパルス機。
※2 垂直尾翼モニュメント。
※3 F-4EJ 時代を再現した垂直尾翼モニュメント。RF-4EJ としての機番は 57-6373 と 97-8418。

首都防空を担う戦闘機基地。第 7 航空団の F-2 と航空救難団の U-125A、UH-60J が活動する。基地正門を入って左手にある「雄飛園」に、8 機の広報展示機が置かれている。月水金の 13:00 〜 16:00 に、正門で見学を申し込むと見学できる。ただし「平常時かつ日本国籍を有する者」という条件が付く。飛行場地区には F-4 の垂直尾翼モニュメントが 3 つあり、航空祭で見ることができる。

36.1883 140.4257

茨城県　ケアハウス ピソ天神

〒300-0121 茨城県かすみがうら市宍倉 5696-3

陸自	OH-6D 観測ヘリ	機番 31245

軽費老人ホーム。中庭に OH-6D が置かれている。機体は 31245 号機だがテイルブームは 31273 号機のものだ。

36.1300 140.2712

関東

茨城県　国土地理院「地図と測量の科学館」

〒305-0811 茨城県つくば市北郷 1　029-864-1872　https://www.gsi.go.jp/MUSEUM

海自	B-65P 測量用航空機	機番 9101

科学館の屋外に測量用の航空写真撮影機 B-65P、初代「くにかぜ」が展示されている。本機の運用は海上自衛隊に委託されていたため 9101 の機番が付与されている。機体下面にカメラベイがあるので機体下に潜りこんで確認してみよう。開館時間は 9:30 ～ 16:30（入館 16:00 まで）、休館日は月曜日と年末年始。

36.1039 140.0863

茨城県　国立科学博物館 筑波（つくば）研究施設

〒305-0005 茨城県つくば市天久保 4-1-1　https://www.kahaku.go.jp/institution/tsukuba

陸軍	モ式六型※1
陸軍	特別攻撃機「剣」※2

※1 実機。※2 実機をベースにした復元機。

36.1019 140.1106

国立科学博物館の研究施設があり、収蔵庫に旧軍機が保管されている。「モ式６型」は現存する最古の国産飛行機で、陸軍輸入のモーリスファルマン式複葉機を改造したもの。そのエンジンは 1919 年製、機体は 1919 ～ 1921 年に組み立てられたと推測される。「剣」は実機をベースにした復元機で、胴体と主翼がオリジナル。そのエンジンは科博廣澤博物館に展示。

茨城県　陸上自衛隊 霞ヶ浦（かすみがうら）駐屯地

〒300-0837 茨城県土浦市右籾 2410

陸自	OH-6D 観測ヘリ	機番 31311
陸自	UH-1H 多用途ヘリ	機番 41685
陸自	V-107A 輸送ヘリ📷	機番 51815

陸上自衛隊の関東補給処などが駐屯する。用廃となる陸自のヘリコプターは原則としてここに集められ、使用可能な部品などを外された後に解体される。また各地に貸与される機体もここから搬出されることが多い。広報センターがあり、その前に OH-6D、UH-1H、V-107 や車両などが展示されている。平日の日中に見学することができるが、3 日前までに予約が必要。詳細は HP で確認しよう。

36.0383 140.1907
36.0383 140.1909

*

茨城県　稲敷（いなしき）郡 予科練平和記念館

〒300-0302 茨城県稲敷郡阿見町廻戸 5-1

海軍　零式艦上戦闘機 二一型　　機番 A60-05

予科練（海軍飛行予科練習生の略）の歴史や阿見町の戦史を記録を保存・展示する展示施設。同館が発注して新規製造した、零戦二一型の実物大模型を展示している。

36.0454 140.2240

茨城県　鹿嶋（かしま）市 櫻花（おうか）公園

〒314-0014 茨城県鹿嶋市光 櫻花公園

海軍　特別攻撃機 桜花 一一型　　機番なし

35.9364 140.6606

県道に面した細長い公園。太平洋戦争末期、ここに海軍航空隊神之池基地が開設され、桜花搭乗員の訓練が行われた。当時の有蓋掩体壕内に、映画『サクラ花』で使用した桜花の実物大模型が置かれている。

茨城県　神栖（かみす）市 神栖（かみす）中央公園

〒314-0127 茨城県神栖市木崎 1203-9

海軍　特別攻撃機 桜花 一一型　　機番 09

35.8970 140.6485

茨城県の東端・神栖市の防災公園。園内の西芝生広場に、映画『サクラ花～桜花 最期の特攻～』の撮影で使用し、製作委員会から寄贈された桜花の実物大模型を展示している。

栃木県　那須（なす）町 戦争博物館

〒325-0303 栃木県那須郡那須町高久乙 2725　https://www.sensouhakubutsukan.or.jp/

空自　T-34A 練習機　　41-0294※

※中央胴体、主翼のみ。

37.0609 140.01278

明治維新から大東亜戦争までの戦争に関する資料を収集・展示・研究する博物館。当館の T-34A はおそらく国内最古の T-34A で、海上警備隊時代に供与され（鹿空 -106）→海自（7106）→空自（41-0294）→運輸省（JA3220）→空自（同）という数奇な来歴を持つ。小屋の中の機体は民間機。

*

栃木県　帝京大学 宇都宮（うつのみや）キャンパス

〒320-8551 栃木県宇都宮市豊郷台 1-1　http://www.teikyo.jp/utsunomiya/campu

空自	T-2 練習機	機番 79-5193※
空自	T-3 練習機	機番 01-5529※

※いずれも教材機。

帝京大学理工学部航空宇宙工学科の教材として、T-2 練習機後期型、T-3 練習機のほか、ロビンソン R22Beta（JA01TU)、日飛ピラタス B4（JA2279）および日飛ピラタス B4T（未登録機）が格納庫内に置かれており、秋の学園祭で一般公開されている。

36.6045 139.8819

栃木県　株式会社 SUBARU 宇都宮（うつのみや）製作所

〒320-0834 栃木県宇都宮市陽南 1-1-11

海自	KM-2 練習機	機番 6291
空自	T-1A 練習機	機番 25-5841

36.5382 139.8784

株式会社 SUBARU（旧富士重工）航空宇宙カンパニーの航空機製造拠点。敷地内に KM-2、T-1A のほかに、ビジネス機 FA-300（JA5271）が展示されている。FA-300 は 4 機しか生産されなかったエンジンパワーアップ型のモデル 710 だ。

栃木県　株式会社 SUBARU 宇都宮（うつのみや）製作所南工場

〒321-0106 栃木県宇都宮市上横田町 1485

空自	T-3 練習機	機番 11-5546

36.5234 139.8759

株式会社 SUBARU（旧富士重工）航空宇宙カンパニーの航空機製造拠点で、宇都宮飛行場に隣接している。T-3 は正門の奥に見える。

栃木県　陸上自衛隊 宇都宮（うつのみや）駐屯地

〒321-0145 栃木県宇都宮市茂原 1-5-45

陸自	CH-47J 輸送ヘリ	機番 52907※1
陸自	OH-6D 観測ヘリ	機番 31241
陸自	UH-1B 多用途ヘリ📷	機番 41514
陸自	UH-1H 多用途ヘリ	機番 41654※2

※1 訓練機。メインローター無し。
※2 いずれも訓練機。

陸上総隊隷下の主力部隊・中央即応連隊などが駐屯する。正門奥に防衛資料館があり、その前に OH-6D、UH-1B、61 式戦車、74 式戦車、88 式地対艦誘導弾（輸送発射車両）などが展示されている。敷地内西部には訓練用に UH-1 とローターを外した CH-47J が置かれているが、こちらは公開行事の際でも見ることはできない。

36.4757 139.8642
36.4780 139.8694

栃木県　陸上自衛隊 北宇都宮（きたうつのみや）駐屯地

〒 321-0106 栃木県宇都宮市上横田町 1360

陸自	L-19E-2 観測・連絡機	機番 11366※1
陸自	LR-1 連絡偵察機	機番 22006
陸自	OH-6D 観測ヘリ	機番 31135
陸自	OH-6D 観測ヘリ	機番 31188※1
陸自	OH-6D 観測ヘリ	機番 31193※1
陸自	OH-6J 観測ヘリ	機番 31115
陸自	T-34A 練習機	機番 60506※2
陸自	UH-1H 多用途ヘリ	機番 41681※3
陸自	UH-1H 多用途ヘリ	機番 41732
陸自	UH-1J 多用途ヘリ	機番 41804※4
空自	F-86F 戦闘機	機番 82-7818※5

※1 いずれも教材機。
※2 元航空自衛隊 51-0343 号機。
※3 訓練機。
※4 ローターを取り外して台座の上に設置した訓練機。
※5 ブルーインパルス塗装。真の機番は 92-7883。

航空学校宇都宮校などが駐屯する。正門奥に4機、航空公園に3機の展示機があるほか、敷地内には4機の訓練機が置かれている。屋外展示機の数は陸自駐屯地の中では国内 Top だ。

36.5168 139.8758
36.5134 139.8756
36.5118 139.8750

群馬県　株式会社 SUBARU 矢島（やじま）工場

〒 373-0822 群馬県太田市庄屋町 1-1　https://subaru-factory.resv.jp/

空自	T-1B 練習機	機番 25-5853※

※外周から金網越しに撮影可能。

株式会社 SUBARU の生産拠点の一つ、群馬県の矢島工場ビジターセンター脇に T-1B が展示されている。個人で工場見学が可能な日が月1回程度の頻度で設定されているので、ネットで予約して訪問しよう。

36.2752 139.3728

群馬県　桐生（きりゅう）市 桐生が丘（きりゅうがおか）公園

〒 376-0054 群馬県桐生市西久方町 2-3

陸自	OH-6D 観測ヘリ	機番 31195
空自	T-6G 練習機	機番 72-0142

遊園地、動物園、水族館を配した市立総合公園。女神像広場（隣接する円満寺脇）に T-6G と OH-6D がある。T-6G の風防・キャノピーの透明部分は失われていてパンチングメタルで代用されている。OH-6D のテイルブームは本体とは異なる機体のものを装着しているため、ブームの左右に描かれた機体番号が異なっている。それぞれジックリと観察してみよう。

36.4190 139.3395

関東

群馬県　榛東（しんとう）村 しんとうふるさと公園

〒 370-3502 群馬県北群馬郡榛東村山子田 1920-1

陸自	UH-1B 多用途ヘリ	機番 41585

陸上自衛隊相馬原駐屯地の北約 1km にある村営の児童公園にUH-1B が展示されている。機体右側面はフェンスに近いため、こちらの側面写真を撮るならフルサイズで 24mm 以下の超広角レンズが欲しい。水曜日は休園だ。

36.4490 138.9685

群馬県　陸上自衛隊 相馬原（そうまはら）駐屯地

陸自	OH-6D 観測ヘリ	機番 31280

北関東の守りを担当する第 12 旅団の司令部があり、隷下の第 12 ヘリコプター隊が CH-47JA 輸送ヘリを運用している。「友魂記念館」の前庭に OH-6D、61 式戦車、74 式戦車が展示されており、道路からも見ることができる。

36.4329 138.9695

群馬県　陸上自衛隊 新町（しんまち）駐屯地

〒 370-1301 群馬県高崎市新町 1080

陸自	UH-1H 多用途ヘリ	機番 41663
陸自	UH-1H 多用途ヘリ	機番 41698※
陸自	V-107A 輸送ヘリ	機番 51814

※訓練機。

敷地南部に UH-1H と V-107、M24 軽戦車、74 式戦車が展示されている。V-107 は 500 ガロンの燃料タンクを兼ねた大型スポンソン装備の機体だ。敷地北部には UH-1H が訓練用に置かれているが、こちらは公開行事の際でも見ることはできない。

36.2705 139.1150
36.2734 139.1182

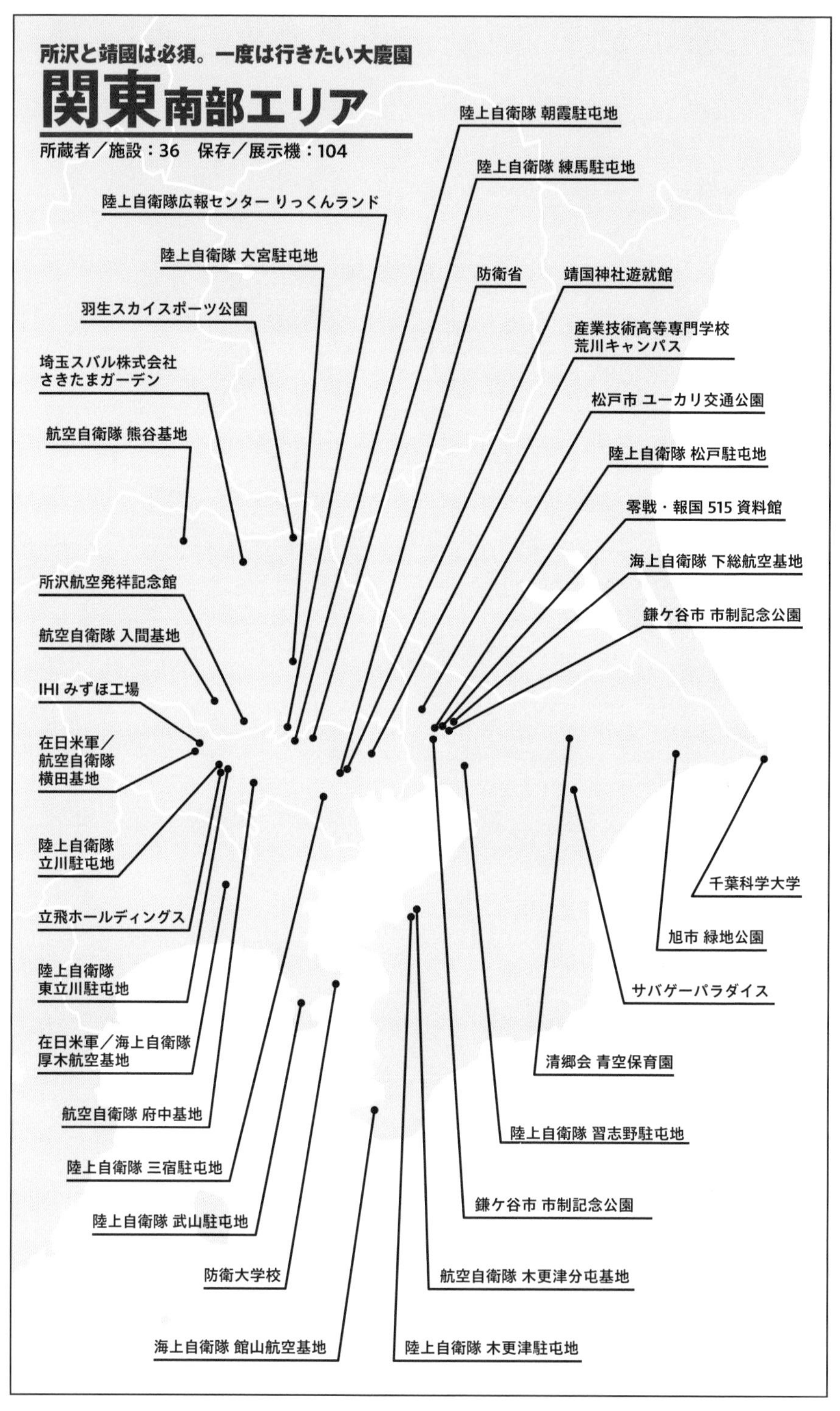

所沢と靖國は必須。一度は行きたい大慶園
関東南部エリア
所蔵者／施設：36　保存／展示機：104
陸上自衛隊 朝霞駐屯地
陸上自衛隊 練馬駐屯地
陸上自衛隊広報センター りっくんランド
陸上自衛隊 大宮駐屯地
防衛省
靖国神社遊就館
羽生スカイスポーツ公園
産業技術高等専門学校
荒川キャンパス
埼玉スバル株式会社
さきたまガーデン
松戸市 ユーカリ交通公園
航空自衛隊 熊谷基地
陸上自衛隊 松戸駐屯地
零戦・報国 515 資料館
海上自衛隊 下総航空基地
所沢航空発祥記念館
鎌ケ谷市 市制記念公園
航空自衛隊 入間基地
IHI みずほ工場
在日米軍／
航空自衛隊
横田基地
陸上自衛隊
立川駐屯地
千葉科学大学
立飛ホールディングス
旭市 緑地公園
陸上自衛隊
東立川駐屯地
サバゲーパラダイス
在日米軍／海上自衛隊
厚木航空基地
清郷会 青空保育園
航空自衛隊 府中基地
陸上自衛隊 習志野駐屯地
陸上自衛隊 三宿駐屯地
鎌ケ谷市 市制記念公園
陸上自衛隊 武山駐屯地
防衛大学校
航空自衛隊 木更津分屯基地
海上自衛隊 館山航空基地
陸上自衛隊 木更津駐屯地

千葉県　航空自衛隊 木更津（きさらづ）分屯基地

〒 292-0061 千葉県木更津市岩根 1-4-1

空自	F-104J 戦闘機	機番 36-8532
空自	T-1B 練習機📷	機番 35-5867

木更津駐屯地から北東へ約 1km ほどにあり、空自の第 4 補給処木更津支処が置かれている。夏に基地を一般開放して盆踊りなどが行われる。展示機は公道から見ることができる。

35.4103 139.9286

＊

千葉県　陸上自衛隊 木更津（きさらづ）駐屯地

〒 292-8510 千葉県木更津市吾妻地先

陸自	LR-1 連絡偵察機	機番 22020※1
陸自	V-107 輸送ヘリ📷	機番 51736※2

※1　LR-1 の最終号機
※2　VIP 輸送機、展示館内撮影禁止

約 1,800m の滑走路を有し、第 1 ヘリコプター団などが駐屯するヘリコプター基地。航空隊近くのゲート奥に航空資料館があり、館内に VIP 輸送用に使われた V-107 が展示されているが撮影はできない。屋外にある LR-1（最終号機）は公開行事の際に撮影することができる。

35.3918 139.9167

＊

千葉県　海上自衛隊 館山（たてやま）航空基地

〒 277-0931 千葉県柏市藤ケ谷 1641

海自	B-65 練習機	機番 6726
海自	HSS-2B 対潜ヘリ c	機番 8085
海自	KM-2 練習機	機番 6259
海自	S-61A-1 輸送ヘリ	機番 8185
海自	SH-60J 哨戒ヘリ	機番 8221※

※SH-60J の国内展示初号機

東京湾の入口にあり、SH-60K 哨戒ヘリ部隊の第 21 航空群が活動する航空基地。正門を入ると左手に輸送・対潜ヘリが出迎えるように並んでおり、基地イベントであるヘリコプターフェスティバルで撮影できる。

34.9856 139.8408

千葉県　千葉科学大学

〒 288-0025 千葉県銚子市潮見町 3　https://www.cis.ac.jp/academics/index.html

陸自	OH-6D 観測ヘリ	機番 31163

35.7069 140.8438

2004 年創立の理科系総合大学（私立）。航空技術危機管理学科の教材として OH-6D が使われている。ウェブサイトの「キャンパスマップ」に、格納庫から引き出された写真が掲載されている。

関東

千葉県　松戸（まつど）市 ユーカリ交通公園

〒 270-0021 千葉県松戸市小金原 1 丁目 25

海自	S-62J 救難ヘリ	機番 8922

児童公園内に海上自衛隊の S-62 が機首を南に向けて展示されている。海上自衛隊の S-62 は徳島航空基地と当所の 2 機しか残存していない貴重な機体だ。機体左側は撮りづらいので、午後に訪問して右側を順光で撮影することを考えよう。

35.8246 139.9404

千葉県　零戦・報国 515 資料館

〒 270-2204 千葉県松戸市六実　http://a6m232.server-shared.com/

海軍	零式艦上戦闘機二一型	機番 報国 -515

航空史家・中村泰三氏が運営する資料館。後部胴体側面に「報国 -515（廣島縣産報呉支部號）」と記された、零戦二一型の実機（三菱製 2666 号機）の胴体と水平尾翼を展示している。月 1 回公開しており、要予約。

写真提供：クロブルエ

千葉県　海上自衛隊 下総（しもふさ）航空基地

〒 277-0931 千葉県柏市藤ケ谷 1641

海自	B-65 練習機	機番 6718
海自	JRB-4 練習機	機番 6428
海自	SNJ-5 練習機	機番 6175
海自	V-107A 掃海ヘリ📷	機番 8607
海自	P-3C 対潜哨戒機📷	機番 5020 ※1
海自	SH-60J 哨戒ヘリ	機番 8205 ※1
海自	SH-60J 哨戒ヘリ	機番 8206 ※2

※1 教材機。第 3 術科学校で使用。
※2 教材機。2020 年度から地上救難訓練用に横倒しして設置。

35.8028 140.0243
35.7980 140.0222
35.7981 140.0183

航空機搭乗員の教育を行う第 203 教育航空隊、機体や機器整備の教育を行う第 3 術科学校などが所在する基地。P-3C を運用しており、近い将来には P-1 も配備予定。公開イベント時には敷地内にある 4 機の展示機を見ることができる。教材用に使われている P-3C や SH-60J が展示・公開されるかどうかは時の運だ。

千葉県　陸上自衛隊 松戸（まつど）駐屯地

〒270-2211 千葉県松戸市五香六実 17

陸自	UH-1H 多用途ヘリ	機番 41684※

※訓練機。メインローター無し。

陸上自衛隊需品学校などが駐屯する。新京成電鉄「くぬぎ山」駅近くの線路東側のエリアに UH-1H が置かれている。春の夜桜ライトアップイベントの際に線路脇の桜並木まで行けるが、機体に近づくことはできない。

35.7834 139.9767 

千葉県　鎌ケ谷（かまがや）市 市制記念公園

〒273-0121 千葉県鎌ケ谷市初富 924

海自	SNJ-5 練習機	機番 6209

新鎌ヶ谷駅近くにある 1971 年の市制施行を記念して開設した公園。海上自衛隊の SNJ が展示されている。2022 年 2 月の降雪により左主翼が主脚取付部の外側部分で折れてしまったが、主翼下に架台を設けて支える形で修復された。

35.7822 140.0078 

千葉県　陸上自衛隊 習志野（ならしの）駐屯地

〒274-0077 千葉県船橋市薬円台 3-20-1

陸自	CH-47J 輸送ヘリ📷	機番 52904※1
陸自	UH-1H 多用途ヘリ📷	機番 41644※2
陸自	UH-1H 多用途ヘリ	機番 41721※2
空自	C-1 輸送機📷	機番なし※3

※1 訓練機。メインローターなし

※2 訓練機。お互いのノーズカバーを付け替えている。エンジン無し、キャビン部のみ。

※3 胴体のみの訓練機。C-1 開発時の強度試験機 01 号機。

陸上自衛隊唯一の落下傘部隊である第 1 空挺団、特殊部隊である特殊作戦群などが駐屯する。グラウンドの隅に置かれている CH-47J、UH-1H、C-1 強度試験機は、いずれも空挺隊員の降下要領の訓練に使用される訓練機。

35.7092 140.0542
35.7083 140.0544 

関東

千葉県　大慶園（だいけいえん）

〒272-0801 千葉県市川市大町 358

空自	F-104J 戦闘機📷	機番 46-8571※1
空自	F-104J 戦闘機	機番 76-8697※1
空自	F-15J 戦闘機	機番 52-8846※2

※1 機首と胴体の一部のみ。※2 機首のみ。

市川市霊園と市川市動植物園の脇にある入場料や駐車料は不要の24時間営業型のアミューズメントパーク。園内にはゲームセンターやスリックカーでのミニレース場、バッティングセンターなどがある。展示機数からいえば「ジェット戦闘機3機、民間ヘリコプター4機の合計7機を有する国内有数の展示場」だが、あくまでアイキャッチャーなのでヒコーキファンとしてはいく分複雑な気持ちになる場所だ。駐車場の一角に置かれたF-15のコクピットは1995年11月22日に発生した訓練中のミサイル誤射で「世界で唯一、空中戦の最中に相手機に撃墜されたF-15」だ。原因調査を終えて廃棄物業者に引き渡されたものを入手したのだろう。

35.7625 139.9694

千葉県　清郷（きよさと）会 青空保育園

〒286-0202 千葉県富里市日吉倉 776-1

陸自	OH-6D 観測ヘリ	機番 31201

児童福祉施設の庭の片隅にOH-6Dが置かれている。

35.7672 140.3279

千葉県　旭（あさひ）市 緑地公園

〒289-2505 千葉県旭市鎌数

海自	SNJ-5 練習機	機番 6198

旧日本海軍の香取航空基地跡の一角に造られた小さな公園に海上自衛隊のSNJ-5が屋根の下に置かれている。機体の劣化は少なそうだが、周囲は目の細かい網で囲われていて近づくことはできず、また写真も撮りづらい。Google Map/Earthではストリートビューで見ることができる。

千葉県　サバゲーパラダイス

〒272-0801 千葉県市川市大町 358

空自	F-4EJ 改 戦闘機	機番なし※
空自	F-4EJ 改 戦闘機	機番なし※
空自	F-4EJ 改 戦闘機	機番なし※
海自	SH-60J 哨戒ヘリ	機番なし

※機番は 97-8427、97-8425、97-8421と推定される。

千葉県山武市に2021年秋に開設されたサバイバルゲーム場。敷地内にはF-4EJ改の機首部分が3機分、パイパーPA-28（?）、SH-60Jの機首部分が配置されている。このうち2機分のファントムの機首は営業日に訪問すれば見学できるが、残る3機は原則としてゲームに参加しないと見ることはできない。

埼玉県　航空自衛隊 熊谷（くまがや）基地

〒 360-8580 埼玉県熊谷市拾六間 839

空自	F-1 支援戦闘機	機番 60-8273
空自	F-86D 戦闘機	機番 84-8128
空自	F-86F 戦闘機	機番 82-7849
空自	T-33A 練習機	機番 51-5609
空自	F-1 支援戦闘機	機番 10-8255※

※垂直尾翼モニュメント。

第 4 術科学校などが配置されている滑走路の無い基地。敷地内には 4 機の展示機があり、例年 4 月初旬の桜祭りや夏季の納涼祭のイベント時に見ることができる。

36.1687 139.3111

埼玉県　埼玉スバル株式会社 さきたまガーデン

〒 361-0032 埼玉県行田市佐間 1626　https://www.saitama-subaru.co.jp/airlines/

空自	T-1B 練習機	機番 35-5870※

※T-1 最終号機。

SUBARU 車ディーラーの埼玉スバル（株）の店舗の一つ、「さきたまガーデン」に T-1B（機番 35-5870、最終号機）が置かれている。通常はシートに覆われているが、年 4 回ほど見学日を設けてコクピットを公開している。また T-1 など、富士重工業時代からの航空機開発関連資料を展示した展示館「日本航空館」もあり、こちらは営業時間内であれば見学可能となっている。公開日や見学時間はウェブサイトで確認できる。

36.1241 139.4721

埼玉県　羽生（はにゅう）市 羽生（はにゅう）スカイスポーツ公園

〒 348-0003 埼玉県羽生市常木 1175

空自	T-3 練習機	機番 91-5515

羽生滑空場に隣接して利根川右岸のスーパー堤防に作られた公園。駐車場近くに T-3 が置かれている。機体周囲の柵がいくらか邪魔になるが、機体とサクラの花を絡めた絵を撮影できる。

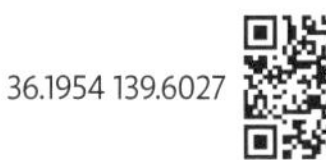
36.1954 139.6027

埼玉県　陸上自衛隊 大宮（おおみや）駐屯地

〒 331-8550 埼玉県さいたま市北区日進町 1 丁目 40 番地 7

陸自	UH-1H 多用途ヘリ	機番 41723
陸自	OH-6D	機番 31219※

※教材機。

陸上自衛隊化学学校などが駐屯する。グランドの西端に訓練用の UH-1H が置かれていて、公開行事の際には遠目に見ることができる。

35.9200 139.5980

関東

埼玉県　所沢（ところざわ）航空発祥記念館

〒359-0042 埼玉県所沢市並木 1-13 所沢航空記念公園内　04-2996-2225　https://tam-web.jsf.or.jp/

陸軍	会式一号機※1	
陸軍	ニューポール 81E2※2	
陸軍	九一式戦闘機二型※3	
空自	T-6G 練習機	機番 52-0099
陸自	H-19C 輸送ヘリ	機番 40001※4
陸自	V-44A 輸送ヘリ	機番 50002※4
空自	T-1B 練習機	機番 25-5856
陸自	KAL-2 連絡機	機番 20001※5
陸自	L-5E 連絡機	機番 535025※5
陸自	L-21 観測・連絡機	機番 12032※5
陸自	OH-6J 観測ヘリ	機番 31065※6
陸自	T-34A 練習機	機番 60508
陸自	TH-55J 練習ヘリ	機番 61328※7
陸自	UH-1B 多用途ヘリ	機番 41547
空自	F-86D 戦闘機	機番 84-8102※8
陸自	H-13E 観測ヘリ	機番 30003※8
陸自	UH-1B 多用途ヘリ	機番 41560※8
陸自	V-107 輸送ヘリ	機番 51734※8
空自	C-46D 輸送機	機番 91-1143※9

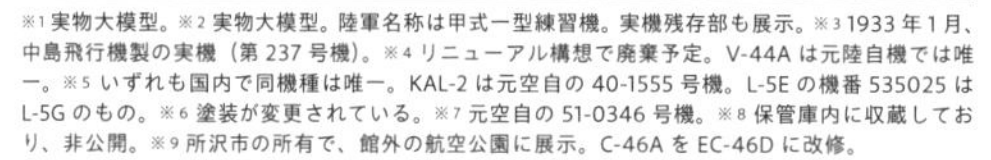
※1 実物大模型。※2 実物大模型。陸軍名称は甲式一型練習機。実機残存部も展示。※3 1933 年 1 月、中島飛行機製の実機（第 237 号機）。※4 リニューアル構想で廃棄予定。V-44A は元陸自機では唯一。※5 いずれも国内で同機種は唯一。KAL-2 は元空自の 40-1555 号機。L-5E の機番 535025 は L-5G のもの。※6 塗装が変更されている。※7 元空自の 51-0346 号機。※8 保管庫内に収蔵しており、非公開。※9 所沢市の所有で、館外の航空公園に展示。C-46A を EC-46D に改修。

日本で初めて飛行場がつくられた場所、所沢に開かれた航空博物館。常設展示機は、初の国産軍用機である会式一号機の実物大模型から、退役自衛隊機や民間機まで 18 機程度。所沢駅前の YS-11（ANC機）も同館の保有。その他に 10 機程度が収蔵庫に保管されている。国内で唯一の自衛隊機も少なくない。2025 年頃には V-44、H-19C、UH-1B は廃棄されてリニューアルされる予定なので、早めに訪問して現在の姿を見ておこう。公園内にある C-46 は所沢市の保有。開館時間 9:30 ～ 17:00（入館は 16:30 まで）、休館日は月曜日と年末年始。

35.7989 139.4720

埼玉県　航空自衛隊 入間（いるま）基地

〒 350-1324 埼玉県狭山市稲荷山 2-3

空自	C-46D 輸送機	機番 91-1145 ※1
空自	F-104J 戦闘機	機番 56-8666 ※2
空自	F-86F 戦闘機	機番 82-7807
空自	T-33A 練習機	機番 51-5620
空自	T-34A 練習機	機番 71-0419
空自	F-1 支援戦闘機	機番 70-8201 ※3
空自	V-107A 救難ヘリ	機番 74-4844 ※4
陸軍	アンリ・ファルマン複葉機	機番なし ※5
海軍	特別攻撃機 桜花 一一型	機番なし ※6

※1 C-46A を EC-46D に改修。
※2 本当の機番は 46-8561。
※3～6 修武台記念館の所蔵。
※3 F-1 の初号機。
※5 機体、エンジンともほぼ当時のものと推定。
※6 実機を修復。オリジナルの機番は「1214」。かつて機首に "I-15" と記入。

35.8390 139.3949
35.8399 139.3938

本州中部の防空を担う中部航空方面隊の司令部などが置かれており、輸送機から電子偵察機まで様々な機種を運用している。基地南部の道路沿いに C-46D、F-86F、F-104J、T-33A、T-34A の 5 機の展示機が置かれていて柵越しに眺めることができる。基地内の修武台記念館にはアンリファルマン複葉機、F-1、V-107 などが収蔵されている。これらのうち C-46D、F-86F、T-33A、F-1、V-107 は空自の保存指定航空機で、桜花は国内唯一の復元機。修武台記念館は毎月 1 回程度の見学会を開催しており、航空祭は例年 11 月初旬に開催される。

*

埼玉県　陸上自衛隊広報センター りっくんランド

〒 351-0012 埼玉県朝霞市栄町 4-6　https://www.mod.go.jp/gsdf/eae/prcenter/

陸自	AH-1S 対戦車ヘリ	機番 73401 ※
陸自	UH-1H 多用途ヘリ	機番 41672

※国内唯一の AH-1S 展示機。

陸上自衛隊の広報施設であり、屋内外にヘリコプターや戦車、各種装備品などを展示している。AH-1S 対戦車ヘリが展示されているのは全国でもここだけ。入館は午前・午後の入替制で、開館時間は 9:30 ～ 11:45、13:15 ～ 16:45。
休館日は月曜、火曜と年末年始。

35.7847 139.5997

東京都　陸上自衛隊 朝霞（あさか）駐屯地

〒 178-0061 東京都練馬区大泉学園町

陸自	CH-47J 輸送ヘリ	機番 52901 ※
陸自	UH-1H 多用途ヘリ	機番不明 ※

※いずれも訓練機。CH-47J はメインローター無し。

駐屯地の敷地が東京と埼玉にまたがっており、駐屯地の所在地は東京都練馬区だが、機体があるのは埼玉県朝霞市。陸上総隊司令部・東部方面総監部などが駐屯する。敷地内に置かれた CH-47J と UH-1H は、公開行事の際でも見ることはできない。広報センター「りっくんランド」に隣接する。

35.7801 139.5900
35.7855 139.5960

東京都　靖国神社遊就館（ゆうしゅうかん）

〒102-0073 東京都千代田区九段北 3 丁目 1-1　https://www.yasukuni.or.jp/yusyukan/

海軍	零式艦上戦闘機五二型	機番 81-161※1
海軍	艦上爆撃機「彗星」一一型	機番鷹 -13※2
海軍	特殊攻撃機 桜花 一一型	

※1 実機（三菱重工製 4240 号機）をベースにした復元機。
※2 実機をベースにした復元機。二式艦上偵察機（愛知 4316）等複数部品にて。

35.6953 139.7432

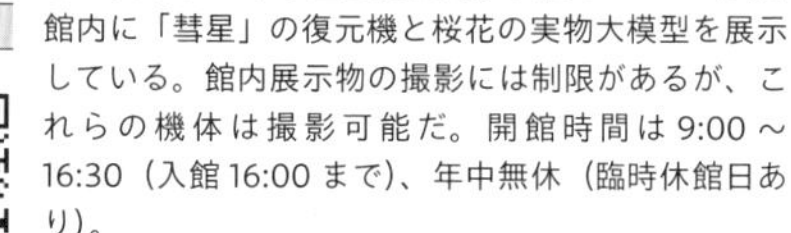

幕末から太平洋戦争に至る戦没者や軍事関係資料を展示する軍事歴史博物館。玄関ホールに零戦、館内に「彗星」の復元機と桜花の実物大模型を展示している。館内展示物の撮影には制限があるが、これらの機体は撮影可能だ。開館時間は 9:00 ～ 16:30（入館 16:00 まで）、年中無休（臨時休館日あり）。

東京都　防衛省

〒162-8801 東京都新宿区市谷本村町 5-1　03-3268-3111

陸自	UH-1H 多用途ヘリ	機番 41651

東京都心にある行政庁舎。見学ツアーに参加すると、市ヶ谷記念館の前庭に展示された UH-1H を見ることができる。

35.6927 139.7262

東京都　都立 産業技術高等専門学校 荒川キャンパス 科学技術展示館

〒116-0003 東京都荒川区南千住 8 丁目 17-1　https://www.metro-cit.ac.jp/community/pavilion.html

空自	F-86D 戦闘機	機番 84-8117

「科学技術展示館」という展示施設に、民間小型機や自作機を中心とした15機ほどを展示している。立飛 R-52 練習機搭載の瓦斯電「神風」エンジンや東洋航空フレッチャー FD-25B 軽攻撃機など、一部の資料は日本航空協会の重要航空遺産に認定されている。年に 8 回程度の一般公開日を設けており、日程や開館時間はウェブサイトで確認できる。

35.7344 139.8087

東京都　陸上自衛隊 三宿（みしゅく）駐屯地

〒154-0001 東京都世田谷区池尻1丁目2-24

陸自　UH-1H 多用途ヘリ　機番 41645※

※訓練機

陸上自衛隊衛生学校や自衛隊中央病院、防衛装備庁次世代装備研究所などが共同使用する防衛省施設／駐屯地。医学情報史料館「彰古館」の裏手にUH-1Hが置かれており、公開行事の際に見ることができる。「彰古館」は指定日に見学できるのでHPにて詳細を確認しよう。

35.6438 139.6840

関東

東京都　陸上自衛隊 練馬（ねりま）駐屯地

〒179-0081 東京都練馬区北町4丁目1-1

陸自　UH-1H 多用途ヘリ　機番 41610※

※訓練機

第1師団司令部などが駐屯する。グランドの片隅に訓練用のUH-1Hが置かれている。また正門近くには史料館があり、M24軽戦車、61式戦車、74式戦車の3両が展示されており、公開行事の際にこれらを見ることができる。

35.7629 139.6584

東京都　航空自衛隊 府中基地

〒183-8521 東京都府中市浅間町1丁目5-5

空自　F-1 支援戦闘機　機番 60-8275
空自　F-104J 戦闘機　機番 56-8662

航空自衛隊の大きな組織の司令部が2つと、航空管制、気象、宇宙作戦の活動中枢が拠点を置く基地。道路に面した芝地にF-1、F-104J、多用途小型無人機（写真手前）が展示されている。例年夏の納涼祭で間近に見学できる。

35.6731 139.4970

東京都　株式会社 立飛（たちひ）ホールディングス

〒190-8680 東京都立川市栄町6-1 立飛ビル3号館

陸軍　一式双発高等練習機 甲型　機番なし

※立川飛行機製の実機（5541号機）。

現在、不動産事業を営む立飛ホールディングスは、戦前は立川飛行機、戦後は新立川航空機として航空産業に携わっていた。2012年に青森県の十和田湖から引き上げられた旧陸軍の一式双発高等練習機は立川飛行機の開発・製造であり（2016年に日本航空協会の重要航空遺産に認定）、同機を2021年に青森県立三沢航空科学館から引き取り、保管している。2021年、22年に一般公開された。敷地内の複合施設「GREEN SPRINGS」2階では、新立川航空機のR-HM型軽飛行機がいつでも見学できる。

東京都　陸上自衛隊 立川（たちかわ）駐屯地

〒190-0014 東京都立川市緑町 5

陸自	L-19E-2 観測・連絡機	機番 11364
陸自	LR-1 連絡偵察機	機番 22003
陸自	OH-6D 観測ヘリ	機番 31173
陸自	UH-1H 多用途ヘリ	機番 41733※

※UH-1H の最終号機

東部方面航空隊などが駐屯し、UH-1J を運用している。オーバーラン部分を含めて 1,200m の滑走路がある。敷地の南西部に L-19E、LR-1、OH-6D、UH-1H が展示されており、公開行事の際に見ることができる。

35.7058 139.3996
35.7054 139.3995

東京都　陸上自衛隊 東立川（ひがしたちかわ）駐屯地

〒190-0003 東京都立川市 2

陸自	OH-6D 観測ヘリ	機番 31182※

※テイルブームは 31196 号機のもの

防衛装備庁の航空装備研究所や陸自の中央情報隊などが置かれている。敷地内に OH-6D（31182 号機）が展示されているが、そのテイルブームは 31196 号機のものだ。公開行事の際に見ることができる。

35.7061 139.4270

東京都　株式会社 IHI 瑞穂（みずほ）工場

〒190-1212 東京都西多摩郡瑞穂町 殿ケ谷 229

空自	F-104J 戦闘機	機番 46-8578

35.7559 139.3535

横田基地の北東部にある瑞穂工場敷地内には F-104J（46-8578）が置かれているが、構内での撮影は禁止されているため、その姿はネット上でもほとんど見ることができない。

東京都　在日アメリカ軍 / 航空自衛隊 横田（よこた）基地

〒197-8503 東京都福生市大字福生 2552

空自	F-1 支援戦闘機	機番 30-8268
空自	F-86F 戦闘機	機番 12832/FU-832※

※米空軍塗装。真の機番は 62-7517 または 62-7511 と推測される。

司令部のある建物脇に F-86F と三菱 F-1 が置かれているが、一般公開日でもこのエリアは公開されないので見ることはできない。

35.7374,139.3447

神奈川県　在日アメリカ軍 / 海上自衛隊 厚木（あつぎ）航空基地

〒 252-1105 神奈川県綾瀬市蓼川

米海	A-4E 攻撃機	機番 150122※
米海	EA-6B 電子戦機	機番 160786
米海	F-14A 艦上戦闘機	機番 161141
米海	F-4S 艦上戦闘機	機番 155807
米海	SH-60B 哨戒ヘリ	機番 161564
米海	UH-3H 輸送ヘリ	機番 152704
海自	SNJ-6 練習機	機番 6196

※真の機番は 151074。

35.4565 139.4346
35.4579 139.4336

基地ゲートの奥に T-6、A-4E、F-4S が展示されている。さらに基地内を進むとグランド周辺に F-14A、EA-6B、SH-60B、UH-3H の 4 機がある。これら 7 機の展示機は例年 4 月頃の公開イベントと 8 月頃の盆踊りイベント時に見ることができる。

神奈川県　陸上自衛隊 武山（たけやま）駐屯地

〒 238-0317 神奈川県横須賀市御幸浜 1-1

海自	HSS-2B 対潜ヘリ	機番 8149

陸上自衛隊東部方面混成団などが駐屯するほか、海上自衛隊横須賀教育隊および航空自衛隊第 2 高射隊などが同じ敷地の中に存在している。それぞれの拠点名称があるが、本書では陸上自衛隊武山駐屯地として扱う。ただし展示機は海上自衛隊の HSS-2B であり、海上自衛隊武山地区の第 1 講堂／資料館前に置かれている。残念ながら一般公開行事は無く、関係者以外は見ることはできない。

35.2184 139.6289

神奈川県　防衛大学校

〒 239-8686 神奈川県横須賀市走水 1 丁目 10-20　https://www.mod.go.jp/nda/

空自	F-1 支援戦闘機	機番 20-8263
空自	F-104J 戦闘機	機番 46-8609

幹部自衛官を養成し、またその教育の在り方を研究する防衛省の施設等機関。敷地内に F-104J と F-1 が置かれており、例年 11 月初旬ごろに行われる学園祭開催時に見ることができる。RL-4 ロケット弾ポッドを装着した F-1 は全国でここにしか展示されていない。

35.2572 139.7229

Column 4 教材機や訓練機の使いかた

全国ガイドのリストの中には、「※教材機」「※訓練機」という注記を添えたものがある。「展示」ではない使い方とは？

国内には退役して用途廃止になった自衛隊機（用廃機）が約600機存在する。そのうち約100機は、設置状況から見て、展示用ではなく教育訓練用の機体と考えられる。それらを用いた教育訓練とはどのようなものかを紹介しよう。

自衛隊でも、航空系の学科がある学校でも、航空関連の教育機関には教材用の機体があることが多く、整備実習などで機体構造を学習する際にこれを用いている。実機を用いることもあるが、ここで退役した機体が役に立つ。機体外板の一部を外して内部構造を見やすくしてあることもある。

こういった教材機にOH-6観測ヘリが多いのは、小型で扱いやすく、即戦力となる整備員の育成に適しているからだろう。退役して教材機となった機体の数は全国で20機以上確認している。

陸上自衛隊の駐屯地では、退役して地上訓練のために設置されたUH-1多用途ヘリをよく見かける。各型合わせて50機近くが存在する。これを用いて、個人装備を身に着けた隊員が乗降訓練を行う。携行火器や偵察用バイク、負傷者を載せた担架を機体に積載し、それを機内に固定する訓練もある。空挺部隊の第1空挺団においては、パラシュートを付けた状態で乗り込み、機体から飛び降りる前までの機内での動作を確認する。

訓練用のUH-1H多用途ヘリ（41649号機）を使用したバイクの積載訓練。迅速な積載・卸下の要領を体得する　写真提供：陸上自衛隊 福知山駐屯地

ヘリコプターが墜落すると、しばしば機体は横倒しになる。海上自衛隊 下総航空基地では、この状態のSH-60J 哨戒ヘリ（8206号機）を使用した救助訓練も行っている　写真：山本晋介

事故発生時の対応訓練に使われる機体もある。機体には突起物や危険な部位があるので、海上自衛隊では地上救難員は日ごろから機体を知り、耐火服を着用したうえで安全・迅速な救出作業を行えるよう訓練している。その際、事故機が正常な姿勢であるとは限らないので、下総航空基地にある第3術科学校では、SH-60Jの用廃機を90度横転させて固定し、これを使った救助教育および救助訓練を行っている。搭乗員を救出した後は、事故機を撤去して飛行場を再開させなくてならないので、撤去作業の訓練用の機体もある。

これら各種訓練には、訓練専用の用廃機だけでなく、退役して廃棄処分前の機体や基地内にある展示機、さらには現役の機体も用いられることもある。訓練の様子が公表されたら、どこに置かれた何号機が使われたのか確認しておこう。

（文：山本晋介）

除籍して教材機となったP-3C 哨戒機（5020号機）。地上救難員の教育では、訓練の前に突起物や危険な部位を確認する　写真：山本晋介

退役したRF-4E 偵察機（47-6905号機）を使用した、クレーンによる事故機撤去訓練。機体によってフックできる箇所は決まっている　写真：山本晋介

夏には河口湖を訪ねたい

甲信越・北陸エリア

所蔵者／施設：15　保存／展示機：57

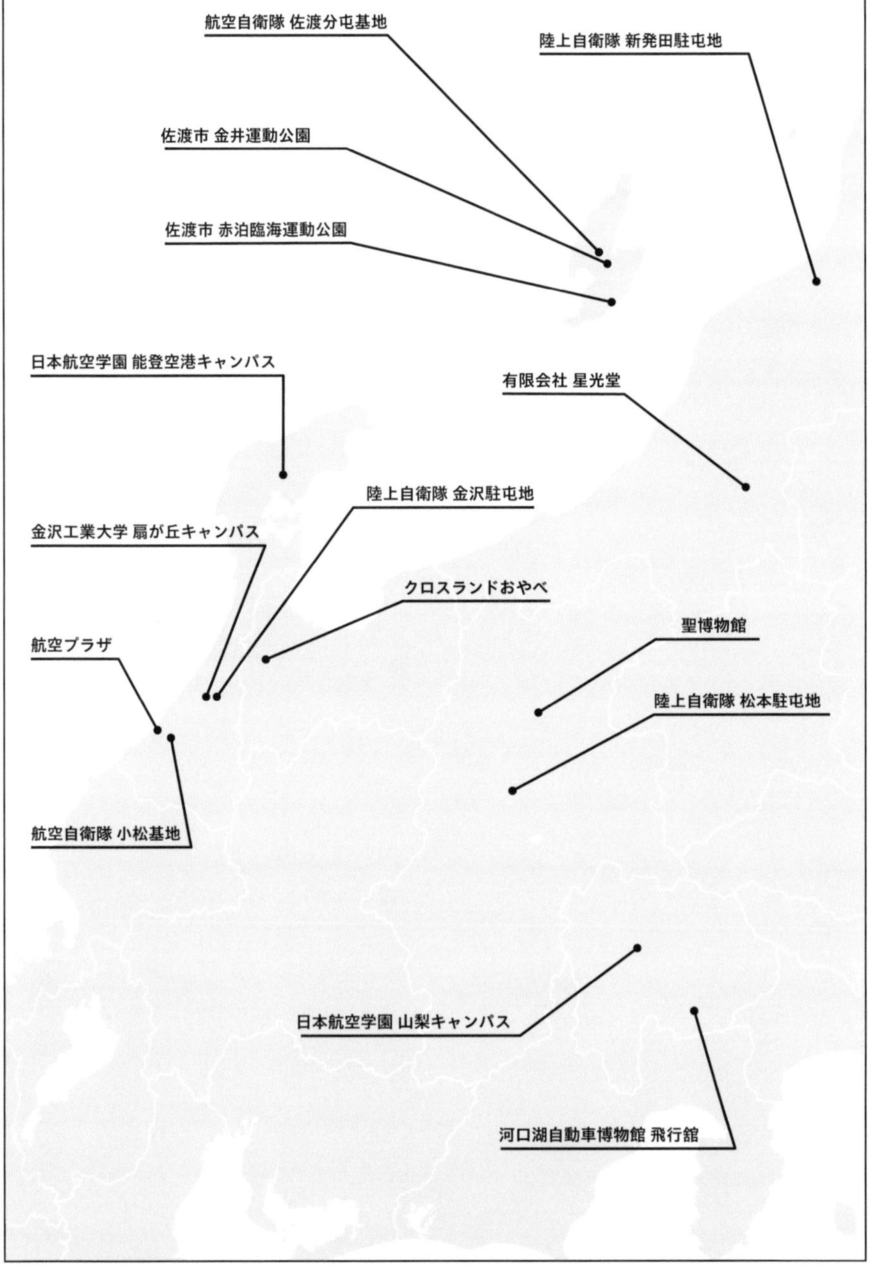

航空自衛隊 佐渡分屯基地
陸上自衛隊 新発田駐屯地
佐渡市 金井運動公園
佐渡市 赤泊臨海運動公園
日本航空学園 能登空港キャンパス
有限会社 星光堂
陸上自衛隊 金沢駐屯地
金沢工業大学 扇が丘キャンパス
クロスランドおやべ
航空プラザ
聖博物館
陸上自衛隊 松本駐屯地
航空自衛隊 小松基地
日本航空学園 山梨キャンパス
河口湖自動車博物館 飛行館

山梨県　河口湖（かわぐちこ）自動車博物館 飛行館　※毎年 8 月のみ開館

〒 401-0320 山梨県南都留郡鳴沢村富士桜高原内　0555-86-3511　http://www.car-airmuseum.com/

陸軍	一式戦闘機 隼 一型	機番なし※1
陸軍	一式戦闘機 隼 二型	機番なし※1
海軍	零式艦上戦闘機 二一型	機番 AI-101 ※2
海軍	零式艦上戦闘機 二一型	機番なし※3
海軍	零式艦上戦闘機 五二型	機番 豹 187 ※4
海軍	一式陸上攻撃機 二二型	機番 龍 41 ※5
海軍	特殊攻撃機 桜花 一一型	機番 I-16
海軍	艦上偵察機 彩雲 一一型	機番 1290
海軍	九三式中間練習機	機番 カ-753
空自	C-46D 輸送機	機番 61-1127
空自	F-86F 戦闘機	機番 02-7960 ※6
空自	F-86F 戦闘機	機番 02-7970
空自	F-104DJ 練習機	機番 26-5007
空自	T-6G 練習機	機番 52-0098
空自	T-33A 練習機	機番 51-5639
海自	S2F-1 哨戒機	機番 4111 ※7
陸自	H-19C 輸送ヘリ	機番 40012 ※8
陸自	L-19E-1 観測・連絡機	機番 11204 ※9

※1 実機をベースにした復元機。※2 実機（中島飛行機製 91518 号機）をベースにした復元機。灰白色に塗装。※3 実機（中島飛行機製 92717 号機）をベースにした復元機。スケルトン展示。※4 実機（中島飛行機製 1493 号機）をベースにした復元機。※5 実機（三菱重工製 12017 号機、尾翼番号 62-22）をベースにした復元機。※6 ブルーインパルス塗装。実際の機番は 02-7962。※7 機首のみ。※8 キャビンのみ。※9 非公開。

8 月限定で公開している私設博物館。オーナーである原田信雄氏の名前から、海外では「ハラダ・コレクション」として知られている。自動車の誕生から現代までを実車で紹介する自動車館と、零戦や隼、一式陸攻などの第二次世界大戦機を展示する飛行館があり、屋外には F-86F、F-104DJ、C-46D といった戦後の機体がそこここに置かれている。機首や胴体だけの展示や民間機もあり、20 数機分の機体が見られる。プロペラやエンジンの展示もある。現在は「彩雲」の復元を行っており、毎年、復元過程の機体が見られる。

35.4535 138.7415

写真提供：河口湖飛行館

山梨県　日本航空学園 山梨（やまなし）キャンパス

〒400-0108 山梨県甲斐市宇津谷 445　https://www.jaaw-hs.net/campus/yamanashi_campus

空自	F-104J 戦闘機	機番 46-8560
空自	F-86D 戦闘機	機番 04-8205
空自	T-33A 練習機	機番 61-5228
空自	T-6G 練習機	機番 52-0041
陸自	OH-6D 観測ヘリ	機番 31151※1
陸自	OH-6D 観測ヘリ	機番 31180※2

※1 教材機。※2 教材機。テイルは 31174 号機のもの

敷地外縁に T-6G、T-33A、F-86D が置かれており、公道から見ることができる。また敷地内には F-104J や OH-6D などがあり、例年 10 ～ 11 月に行われる学園祭（航空祭）の時に見ることができる。

35.6823 138.4833

長野県　麻績（おみ）村立 聖（ひじり）博物館

〒399-7701 長野県東筑摩郡麻績村麻聖 5889-1　0263-67-2210

空自	F-104J 戦闘機	機番 46-8608
空自	F-86D 戦闘機	機番 94-8146
空自	F-86F 戦闘機	機番 82-7865
空自	T-34A 練習機	機番 51-0337

聖湖の湖畔にある 1971 年に開館した麻績（おみ）村の村営博物館。航空史料館が併設されており、屋外に F-86D、F-86F、F-104J、T-34A の 4 機が展示されている。開館時間は 4 月から 11 月中旬までの 9:00 ～ 17:00。休館日は火曜日。冬季閉鎖。

36.4881 138.0697

長野県　陸上自衛隊 松本（まつもと）駐屯地

〒390-0844 長野県松本市高宮西 1-1

陸自	UH-1H 多用途ヘリ	機番 41625
陸自	V-107 輸送ヘリ	機番 51712
陸自	CH-47J 輸送ヘリ	機番 52909※

※訓練機。メインローター無し、福島原発への放水実施機。

36.2113 137.9544

第 13 普通科連隊などが駐屯する。駐屯地北東部のグランドに UH-1H、V-107、CH-47J、61 式戦車、74 式戦車が置かれている。CH-47J は東日本大震災の時に福島第一原発に投水した経歴を持つ機体だが、現在はローターを外されて訓練に使われている。これらは公開行事の際に見ることができる。

新潟県　陸上自衛隊 新発田（しばた）駐屯地

〒957-8530 新潟県新発田市大手町 6-4-16

陸自	OH-6D 観測ヘリ	機番なし

第 30 普通科連隊などが駐屯する。敷地の一角に設けられた白壁兵舎広報史料館前に OH-6D が展示されており、火～日の 9:00 ～ 16:00 に無料で見学できる。月曜日は定休日だが、機体外観だけならば外周から眺めることができる。

新潟県　有限会社 星光堂（せいこうどう）

〒946-0076 新潟県魚沼市井口新田 1011-3

空自　F-86F 戦闘機　　機番 72-7753

新潟県魚沼市にある建築板金関連業者の建屋に隣接して置かれているが、スペースの都合上、右翼は外されている。本機は千歳基地第 2 航空団配備後 5 か月ほどで事故抹消となり、その後は防大および旧湯ノ谷村の公園展示を経てオーナー（故人）の手に渡ったもの。自由に見学でき、ハシゴを上ってコクピットを見ることもできる。

37.2303 138.9673

新潟県　航空自衛隊 佐渡（さど）分屯基地

〒952-1208 新潟県佐渡市金井新保丙 2-27

空自　F-1 支援戦闘機　　機番 00-8246

新潟県佐渡島の妙見山に据え付けた FPS-5「ガメラレーダー」によって日本海上空を監視する第 46 警戒隊が所在する。敷地内に F-1 戦闘機があり、例年夏ごろに行われる一般開放行事の際に見ることができる。ウェブサイトの見学要領を読むと一人からの見学を受付けているようなので佐渡に行く機会があれば、まずは連絡してみよう。

38.0756 138.3481

新潟県　佐渡（さど）市 金井（かない）運動公園

〒952-1208 新潟県佐渡市金井新保 391

空自　F-104J 戦闘機　　機番 46-8573

市営公園に 1984 年から F-104J が機首を西南西に向けて置かれている。機体左側は民家の植樹が迫っており撮影は難しい。また機体右側にはコクピット見学用の台座と機体解説板があるため、綺麗な側面の撮影はできない。

38.0321 138.3705

新潟県　佐渡（さど）市 赤泊（あかどまり）臨海運動公園

〒952-0711 新潟県佐渡市赤泊 2458

空自　T-33A 練習機　　機番 71-5250

赤泊港脇の市営公園に T-33A が置かれている。かつての第 4 航空団第 22 飛行隊マークを見られるのはここだけだ。

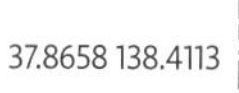

37.8658 138.4113

甲信越・北陸

富山県　クロスランドおやべ

〒932-0821 富山県小矢部市鷲島10　https://cross-oyabe.jp/

陸自	V-107A 輸送ヘリ	機番 51818※

※陸自V-107最終号機

富山県小矢部市にある文化ホール施設と公園施設を併せ持つ複合施設。シンボルとなる高さ118mのタワーの足元近くにV-107が置かれている。本機は500ガロンの燃料タンクを機体両脇に装備し、機首にはウエザーレーダーを装着した陸自向け最終生産機かつ運用最終号機だ。機体各所に記入されたスペシャルマーキングの一部は現在でも見ることができる。

36.6564 136.8794

石川県　日本航空学園 能登（のと）空港キャンパス

〒929-2372 石川県輪島市三井町洲衛9-27-7　https://www.jaaw-hs.net/campus/notoairport_campus

陸自	OH-6D 観測ヘリ📷	機番 31161※1
空自	T-3 練習機	機番 01-5530※1
陸自	L-19E-1 観測・連絡機	機番 11209※2
陸自	L-19E-1 観測・連絡機	機番 11210※2

※1 教材機。※2 教材機。陸自に返却予定

能登空港に隣接するキャンパスに4機のYS-11を実習機を保有していることで有名。T-3とOH-6Dも実習機として使われており、これらは例年10～11月に行われる学園祭（航空祭）で見ることができる。

37.2960 136.9612

石川県　金沢工業大学 扇が丘（おうぎがおか）キャンパス

〒921-8501 石川県野々市市扇が丘7-1　https://www.kanazawa-it.ac.jp/index.html

空自	T-3 練習機📷	機番 11-5540
陸自	OH-6D 観測ヘリ	機番 31197※

※テイルは31214号機（鹿児島県湧水町展示機）のもの。

写真提供：金沢工業大学

工学部航空システム工学科があり、T-3とOH-6Dが教材として展示されている。OH-6Dは31197号機に31214号機のテールブームを取り付けている。学園祭の一般公開エリアから外れることがあるので、訪問前には見学の可否を確認すること。

36.5318 136.6294

石川県　陸上自衛隊 金沢（かなざわ）駐屯地

〒921-8520 石川県金沢市野田町1-8

陸自	UH-1H 多用途ヘリ	機番 41656

第14普通科連隊などが駐屯する。正門奥のグランド脇にUH-1Hが展示されており、公開行事の際に見ることができる。敷地内には74式戦車も展示されている。

36.5384 136.6670

*

石川県　航空自衛隊 小松（こまつ）基地

〒923-0961 石川県小松市向本折町戊 267

空自	F-104J 戦闘機	機番 46-8646
空自	F-4EJ 改 戦闘機	機番 87-8404※1
空自	F-86D 戦闘機	機番 14-8217
空自	F-86F 戦闘機	機番 52-7408※2
空自	T-33A 練習機	機番 81-5379
空自	T-34A 練習機	機番 61-0402

※1 垂直尾翼の左右でマークが異なる。
※2 主翼に境界層板付き。

36.3912 136.4186
36.3925 136.4209

日本海の空を守る戦闘機基地。第 6 航空団および飛行教導群の F-15J/DJ/T-4 と航空救難団の U-125A/UH-60J が配備されている。敷地内には 6 機の展示機があり、秋に行われる航空祭の時に見ることができる。

石川県　航空プラザ　https://komatsu-ccf.x0.com/culture/aviation_plaza/

〒923-0995 石川県小松市安宅新町丙 92　0761-23-4811

海自	HSS-2B 対潜ヘリ	機番 8101
海自	KM-2 練習機	機番 6288
陸自	OH-6J 観測ヘリ	機番 31093
空自	T-2 練習機	機番 99-5163※
空自	T-3 練習機	機番 11-5538
空自	T-33A 練習機	機番 71-5321
空自	F-104J 戦闘機	機番 46-8539

※ブルーインパルス機。

36.4044 136.4111

小松飛行場に隣接する、日本海側唯一の航空博物館。屋外に HSS-2B と KM-2 の 2 機、屋内には自衛隊機や曲芸機ピッツ S-2B のほか、ハンググライダーなど軽量機 5 機を含む 15 機を展示している。元政府専用機 B-747 の貴賓室も展示。冬季は地元の子どもが集まる遊技場でもある。開館時間は 9:00 ～ 17:00。休館日は年末年始。

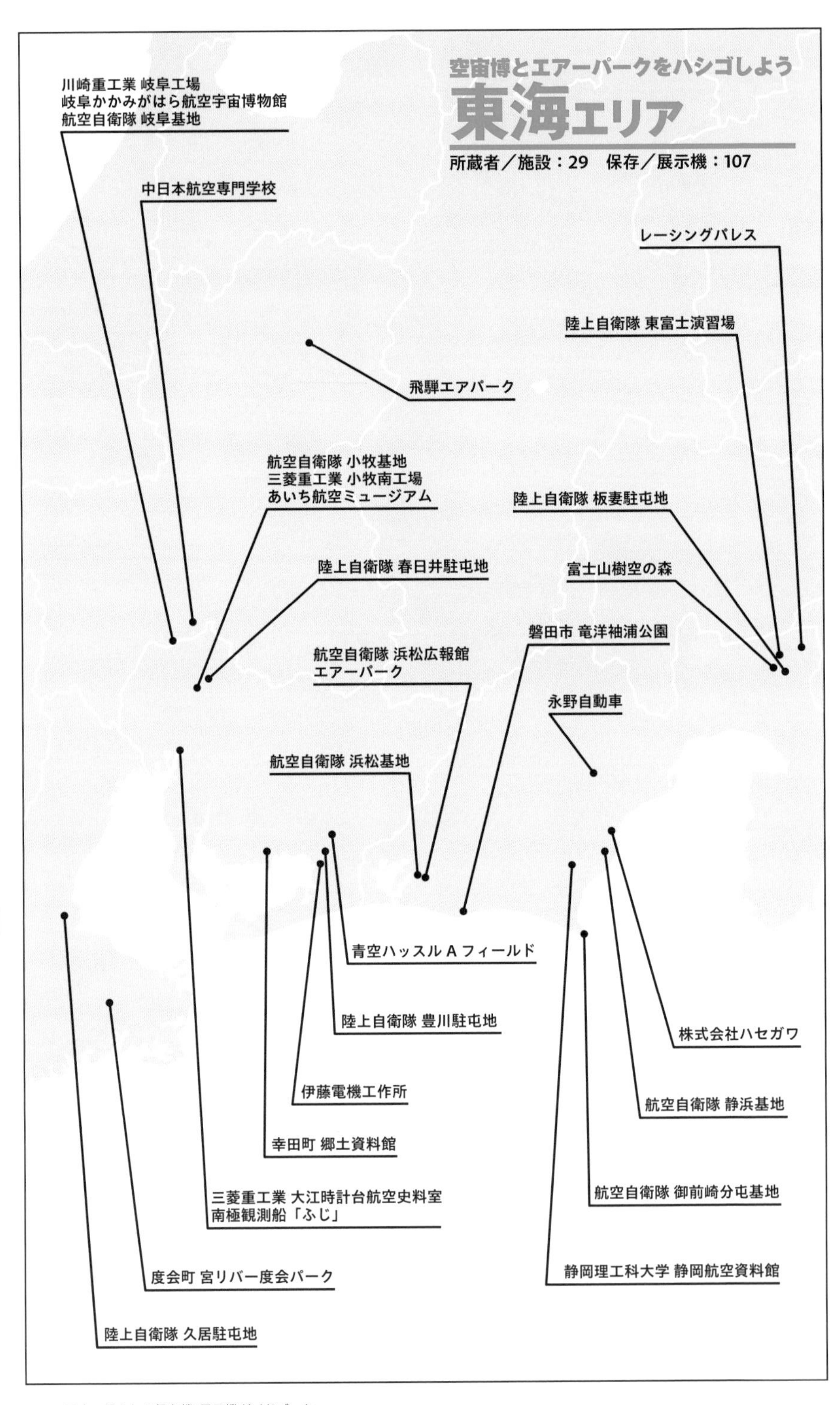

空宙博とエアーパークをハシゴしよう
東海エリア
所蔵者／施設：29　保存／展示機：107
川崎重工業 岐阜工場
岐阜かかみがはら航空宇宙博物館
航空自衛隊 岐阜基地
中日本航空専門学校
レーシングパレス
陸上自衛隊 東富士演習場
飛騨エアパーク
航空自衛隊 小牧基地
三菱重工業 小牧南工場
あいち航空ミュージアム
陸上自衛隊 板妻駐屯地
陸上自衛隊 春日井駐屯地
富士山樹空の森
磐田市 竜洋袖浦公園
航空自衛隊 浜松広報館
エアーパーク
永野自動車
航空自衛隊 浜松基地
青空ハッスル A フィールド
陸上自衛隊 豊川駐屯地
株式会社ハセガワ
伊藤電機工作所
航空自衛隊 静浜基地
幸田町 郷土資料館
航空自衛隊 御前崎分屯基地
三菱重工業 大江時計台航空史料室
南極観測船「ふじ」
静岡理工科大学 静岡航空資料館
度会町 宮リバー度会パーク
陸上自衛隊 久居駐屯地

静岡県　レーシングパレス

〒 410-1322 静岡県駿東郡小山町吉久保 73-1

空自　F-1 支援戦闘機	機番 90-8231

国内初のレーシングカー博物館として 1996 年 8 月に開館するも 2005 年 8 月に閉館した。敷地内には航空自衛隊の三菱 F-1 が置かれたままになっており、公道からその姿を見ることができる。

35.3467 138.9513

静岡県　陸上自衛隊 東富士（ひがしふじ）演習場

〒 412-0008 静岡県御殿場市印野

陸自　CH-47J 輸送ヘリ📷	機番 52905※1
陸自　UH-1 多用途ヘリ	機番不明※2

※1 訓練機。衛星画像で場所特定できず。
※2 訓練機。メインローター無し、機番不明、型式不明。

富士駐屯地の南東端近くの演習林に MR を外した CH-47J と UH-1H が訓練用に置かれていることが衛星画像で確認できる。一般人は周囲に立ち入ることができないため、詳細は不明だ。

35.3527 138.8646

静岡県　陸上自衛隊 板妻（いたづま）駐屯地

〒 412-8634 静岡県御殿場市板妻 40-1

陸自　UH-1H 多用途ヘリ	機番 41689※

※訓練機。メインローター / テイルローター無し。

第 34 普通科連隊などが駐屯する。敷地南東端に UH-1H が訓練用に置かれている。公開行事の際であっても見ることはできないが外周道路から確認できる。このほか敷地内には 74 式戦車が展示されている。

35.2880 138.9017

静岡県　御殿場（ごてんば）市 富士山樹空（ふじさんじゅくう）の森

〒 412-0008 静岡県御殿場市印野 1380-15

陸自　UH-1H 多用途ヘリ	機番 41700

御殿場市が東富士演習場近くに整備した市民／自衛隊／観光客の交流を目的とした観光施設。園内には立川駐屯地から移設した UH-1H が展示されており、条件が良ければ富士山と絡めたショットを撮影できる。火曜日は休園だ。

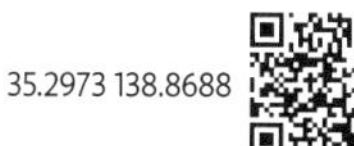

35.2973 138.8688

東海

静岡県　永野自動車 株式会社

〒421-1311 静岡県静岡市葵区富沢 1414-1

空自　T-34A 練習機	機番 71-0428

静岡県亜静岡市の国道 362 号線沿いにある自動車販売店。1980 年頃から、ポールの上に据え付けられた T-34A がある。廃棄物業者からバラバラになった機体を引取り、組み立てたものとのこと。

35.0230 138.2561 

静岡県　株式会社ハセガワ　http://www.hasegawa-model.co.jp/

〒425-0091 静岡県焼津市八楠 3 丁目 1-2

空自　F-104J 戦闘機	機番 76-8706
空自　T-3 練習機	機番 91-5514

34.8778 138.3109 

JR 東海道本線「焼津」駅の北西約 1km、プラモデルメーカーとして有名な（株）ハセガワの本社工場屋上に F-104J が置かれている。春には脇を流れる瀬戸川沿いから桜並木と絡めた写真を撮ることができる。正門脇には T-3 も台座の上に置かれている。門が開いていることもあるので、見るのに夢中になって敷地内に入ってしまわないよう注意しよう。

静岡県　航空自衛隊 御前崎（おまえざき）分屯基地

〒437-1621 静岡県御前崎市御前崎 2825-1

空自　T-3 練習機	機番 11-5539

静岡県御前崎市にあり、太平洋側を監視する第 22 警戒隊が置かれている。敷地の一角に T-3 練習機が置かれており、条件が良ければ外周からでも見ることができる。直近の一般公開イベントは 2013 年に行われた開庁 55 周年記念行事。2018 年には御前崎みなと夏祭と同日に開庁 60 周年記念行事行ったが、この時には一般公開はせずに関係者のみの記念式典だけが行われたようだ。基地見学を受け付けているので、これを利用して訪問することを考えよう。

34.6015 138.2185 

東海

静岡県　航空自衛隊 静浜（しずはま）基地

〒 421-0201 静岡県焼津市上小杉 1602

空自	T-3 練習機	機番 91-5511
空自	F-86F 戦闘機	機番 62-7417 ※1
空自	T-3 練習機	機番 81-5501 ※2
空自	T-34A 練習機	機番 61-0390
空自	T-6F 練習機	機番 52-0011

※1 主翼に境界層板付き。※2 T-3 初号機。

34.8146 138.2889
34.8132 138.2890

国内に二か所ある航空自衛隊のパイロット初等訓練基地のうち、東の拠点。T-7 練習機を装備する第 11 飛行教育団が活動している。基地庁舎前に先代の練習機である T-3 が展示されているほか、基地内駐車場の片隅に F-86F が置かれている。また格納庫内には T-6F、T-34A、T-3（初号機）が保管されている。例年初夏に行われる航空祭でこれらの機体を見ることができる。近年は F-86F には近づけないことが多い。

静岡県　静岡理工科大学 静岡航空資料館

〒 437-8555 静岡県袋井市豊沢 2200-2　https://sist-net.ac.jp/aeromuseum/

空自	T-33A 練習機	機番 71-5323 ※

※前部胴体のみ展示

静岡県の私立理工系総合大学。2013 年に航空資料館を設立し、一般も見学できる場としている。飛行機およびグライダー模型、タミヤ寄贈の航空機プラモ約 100 機、旧交通科学博物館収蔵のエンジンやプロペラを展示している。T-33A の機首も展示室の隅に置かれている。毎週水、木の 10:00 ～ 16:00 に開館しており、ウェブサイトからの事前に申し込みが必要。

34.7862 138.1827

静岡県　磐田（いわた）市 竜洋袖浦（りゅうようそでうら）公園

〒 438-0216 静岡県磐田市飛平松 125-1

空自	F-86F 戦闘機	機番 72-7749

旧明野陸軍飛行学校の天竜分校所跡地に造られた公園で、コンクリート製の構造物が残っている。浜松基地から 1993 年に移設された F-86F が展示されていて、いつでも見ることができる。

34.6692 137.8270

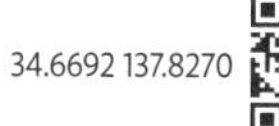

東海

静岡県　航空自衛隊 浜松（はままつ）広報館 エアーパーク

〒432-8551 静岡県浜松市西区西山町無番地　https://www.mod.go.jp/asdf/airpark/

空自	F-86F 戦闘機	機番 02-7960 ※1
空自	F-86F 戦闘機	機番 02-7966 ※1
空自	F-86D 戦闘機	機番 84-8104
空自	F-104J 戦闘機	機番 76-8693
空自	F-104J 戦闘機	機番 76-8698 ※2
空自	F-1 支援戦闘機	機番 90-8225 ※3
空自	F-1 支援戦闘機	機番 90-8227
空自	F-4EJ 改 戦闘機	機番 17-8440 ※4
空自	C-46D 輸送機	機番 91-1138 ※5
空自	B-65 連絡機	機番 03-3094 ※6
空自	MU-2S 救難機	機番 13-3209
空自	T-28B 練習機	機番 63-0581 ※7
空自	バンパイア T.55 練習機	機番 63-5571 ※7
空自	T-33A 練習機	機番 71-5239 ※8
空自	T-34A 練習機	機番 51-0382
空自	T-6F 練習機	機番 52-0010 ※8
空自	T-1A 練習機	機番 15-5825 ※8
空自	T-2 練習機	機番 59-5114 ※9
空自	T-2 練習機	機番 86-5111 ※1
空自	T-3 練習機	機番 91-5517
空自	T-4 練習機	機番 66-5745 ※1
空自	H-19C 救難ヘリ	機番 91-4709 ※8
空自	H-21B 救難ヘリ	機番 02-4756
空自	S-62J 救難ヘリ	機番 53-4774 ※8
空自	V-107A 救難ヘリ	機番 24-4832
海軍	零式艦上戦闘機 五二型甲	機番 43-188 ※10

※1 ブルーインパルス機。
※2 UF-104J 仕様機。
※3 外板を外して展示。
※4 航空自衛隊最終納入機かつファントムシリーズ最終生産機。
※5 C-46A を D 型に改修。
※6 元海上自衛隊の 6727。2021 年 3 月に格納、非公開。
※7 国内唯一の機体。2021 年 3 月に格納、非公開。
※8 2021 年 3 月に格納、非公開。
※9 機首部分をフライトシミュレーターに転用。
※10 実機（三菱重工製 4685 号機）をベースにした復元機。

その名のとおり航空自衛隊の活動を伝えるための展示館。屋外に 4 機、屋内に 15 機（レプリカ･モックアップを含む）が展示されている。また T-2 のコクピット部分を利用したシミュレーターがある。これ以外にも非公開ながら国内に 1 機しか無いバンパイア T.55 や T-28B など 8 機が格納保管されている。開館時間は 9:00 ～ 17:00、休館日は月曜日、毎月最終火曜日、年末年始、その他指定日。

東海

34.7474 137.7115

上：F-1
下：展示格納庫内

上段左：F-86F ブルーインパルス
上段右：F-86F ブルーインパルス
中段：H-21
下左列上：T-2 ブルーインパルス
下左列下：F-104J
下右列上：MU-2S と V-107A
下右列下：T-4 ブルーインパルス

東海

静岡県　航空自衛隊 浜松（はままつ）基地

〒432-8551 静岡県浜松市西区西山町無番地

空自	F-86F 戦闘機	機番 92-7929 ※1
空自	T-33A 練習機	機番 71-5254 ※2
空自	RF-4EJ 偵察機	機番 47-6347

※1 ブルーインパルス機。真の機番は 12-7995。※2 基地内に保管、非公開。

航空自衛隊発祥の地であり、第1航空団の T-4 および T-400 練習機と警戒航空団の E-767 早期警戒管制機が配備されている。基地北門近くに F-86F ブルーインパルス機がある。機番は 12-7995 から、92-7929 に書き換えられている。また第1術科学校には RF-4EJ 量産改修機 47-6347 が、軽微な損傷を受けた際の前線での修理（BDR：Battle Damage Repair 戦時損傷修理）用訓練機としてとして残されている。ツルハシで傷をつけることもあり、その際には傷をつけた年月日と誰がやったのか氏名を書き込んでいたという。

34.7565 137.6940
34.7474 137.6931

愛知県　有限会社伊藤（いとう）電機工作所

〒441-0103 愛知県豊川市小坂井町宮下 42-1

空自	T-1A 練習機	機番 85-5803 ※

※ 85-5803 の前部胴体に、85-5802 の後部胴体を取り付けて展示。85-5802 の前部胴体は個人所有（場所不明）

愛知県豊川の国道1号線沿いにある（有）伊藤電機工作所前に銀色の T-1 胴体部分が置かれている。前部胴体はかつて浜名湖パルパルにあった 803 号機、後部胴体は入間基地脇にあった 802 号機のものだ。

34.7972 137.36739

愛知県　陸上自衛隊 豊川（とよかわ）駐屯地

〒442-0061 愛知県豊川市穂ノ原 1-1

陸自	UH-1B 多用途ヘリ	機番 41557

第 10 特科連隊などが駐屯する。正門奥に三河史料館があり、その前庭に UH-1B、61 式戦車、74 式戦車などが置かれている。公開行事の際に見ることができるが、平日でも見学を受付けているが一か月前までに予約が必要だ。詳細はウェブサイトで確認しよう。

34.8299 137.3818

愛知県　青空ハッスル A フィールド

〒441-1205 愛知県豊川市大木町小牧 6 番 2　http://aozorahustle.toyohashih.com/

空自	T-6D 練習機	機番 52-0001

34.8646 137.3855

愛知県豊川市にあるサバイバルゲーム場。その A フィールド内に T-6D 初号機の前部胴体が置かれている。静岡県内の企業が所有していた機体を入手して 2019 年夏ごろに設置したもので、主翼は取り付けられずに機体脇に置かれている。後部胴体は搬入時から存在していない。先の所有者の時代にすでに無くなっていたようだ。

愛知県　幸田町（こうたちょう）郷土資料館

〒444-0124 愛知県額田郡幸田町深溝清水 36-1　https://www.town.kota.lg.jp/soshiki/24/806.html

空自	F-86F 戦闘機	機番 72-7743※
陸自	H-13H 観測ヘリ📷	機番 30120

※真の機番は 92-7910。

JR 東海道本線「三ヶ根」駅から徒歩 10 分ほどの距離にある小さな町立歴史資料館。F-86F は機体番号が書換えられている。また陸上自衛隊の H-13 ヘリコプターは国内唯一の一般公開機という貴重な存在だ。開館時間は 10:00 ～ 17:00（入館 16:30 まで）、休館日は月曜日、企画展示が無い期間の木曜日、年末年始。

34.8389 137.1798

愛知県　名古屋みなと振興財団 南極観測船「ふじ」

〒455-0033 愛知県名古屋市港区港町 1-9　https://nagoyaaqua.jp/garden-pier/fuji/

海自	S-61A 輸送ヘリ	機番 8181

名古屋港ガーデンふ頭で停泊したまま博物館になっている「南極観測船ふじ」の飛行甲板に S-61A が置かれている。機体左側面だけならば休館日でも近くの橋の上から撮影できる。開館時間は 9:30 ～ 17:00（入館 16:30 まで）、休館日は月曜日。

35.0903 136.8803

愛知県　三菱重工業株式会社 大江（おおえ）時計台航空史料室

〒455-0024 愛知県名古屋市港区大江町 2-15

海軍	零式艦上戦闘機 五二型甲	※1
日本軍	試製「秋水」	※2

※1 実機（三菱重工製 4708 号機）をベースにした復元機。
※2 実機をベースにした復元機。

35.0883 136.8935

三菱重工業における大正期から昭和 20 年代までの航空技術史を多くの技術資料を中心に展示する企業史料館。零戦と秋水の復元機は機体・資料とも撮影不可。見学はウェブサイトから要予約。開室日は毎週水・木・金の 09:00 ～ 17:00（最終入室は 16:30）、休館日は毎週月・火、その他指定する日。

愛知県　陸上自衛隊 春日井（かすがい）駐屯地

〒486-8550 愛知県春日井市西山町無番地

陸自	UH-1H 多用途ヘリ	機番 41623※

※訓練機。メインローター無し。

35.2796 136.9798

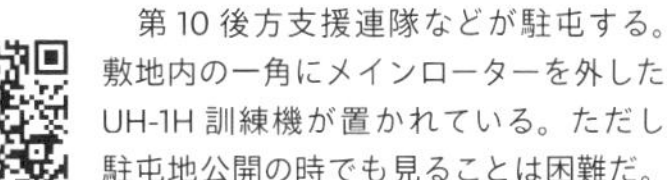

第 10 後方支援連隊などが駐屯する。敷地内の一角にメインローターを外した UH-1H 訓練機が置かれている。ただし駐屯地公開の時でも見ることは困難だ。

愛知県　三菱（みつびし）重工業株式会社 小牧南（こまきみなみ）工場

〒480-0293 愛知県西春日井郡豊山町豊場 1

空自	F-104J 戦闘機	機番 56-8672
空自	F-86F 戦闘機	機番 62-7702
海自	HSS-2B 対潜ヘリ	機番 8084※
空自	T-2 練習機	機番 19-5101※

※HSS-2B と T-2 は初号機。

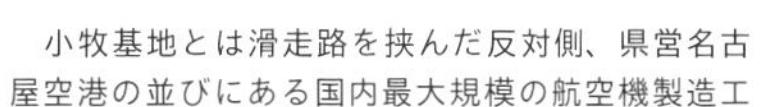

小牧基地とは滑走路を挟んだ反対側、県営名古屋空港の並びにある国内最大規模の航空機製造工場。その敷地の一角に F-86F（国産 2 号機）、F-104J、T-2（初号機）、HSS-2B（B 型初号機）が置かれている。

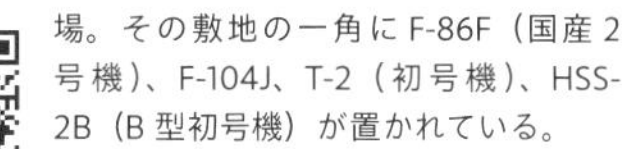

35.2528 136.9146

東海

愛知県　あいち航空ミュージアム　https://aichi-mof.com/

〒480-0202 愛知県西春日井郡豊山町豊場（県営名古屋空港内）　0568-39-0283

空自	T-4 練習機📷	機番 26-5805
空自	YS-11P 輸送機📷	機番 52-1152
海軍	零式艦上戦闘機五二型	機番 252-04

名古屋空港に隣接し、自衛隊機や民間機など10機程度の実機と零戦の実物モデルを展示する博物館。三菱重工のお膝元だけあって、同社開発のMU-2プロペラ機（空自MU-2S/Jと陸自LR-1の原型機）、MU-300ビジネスジェット（空自T-400の原型機）、MH-2000ヘリコプターが館内に並ぶ。零戦は、映画『人間の翼』、『君を忘れない』、『永遠の0』の撮影に使用されたもの。YS-11Pは量産第1ロットの機体。T-4は元ブルーインパルスの所属機だ。元警視庁のEH-101は国内唯一の展示機。開館時間は09:30～17:00（入館16:30まで）、休館日は火曜日、年末年始。テラスから名古屋空港／小牧基地を発着する航空機を撮影することができる。

35.2474 136.9252 

愛知県　航空自衛隊 小牧（こまき）基地

〒485-0025 愛知県小牧市春日寺 1-1

空自	F-86D 戦闘機	機番 84-8111
空自	F-86F 戦闘機	機番 82-7778
空自	S-62J 救難ヘリ	機番 53-4775
空自	T-1B 練習機📷	機番 35-5866
空自	T-3 練習機📷	機番 81-5507
空自	T-33A 練習機	機番 51-5645
空自	T-6G 練習機📷	機番 52-0075
空自	V-107A 救難ヘリ	機番 04-4851

第1輸送航空隊のC-130H輸送機、KC-130H空中給油機、KC-767空中給油機および救難教育隊のU-125A救難捜索機、UH-60J救難ヘリが配備されている。基地正門脇にT-33AとS-62、敷地内にT-1B、F-86D/F、V-107が置かれており、航空祭開催時に見ることができる。また基地南東部の旧軍の掩体壕内にT-6GとT-3が置かれているが、こちらは航空祭時でも公開されないことが多い。

35.2608 136.9267
35.2616 136.9300
35.2515 136.9323 

岐阜県　中日本（なかにっぽん）航空専門学校

〒 501-3924 岐阜県関市迫間 1577　https://www.cna.ac.jp/

空自	F-104J 戦闘機	機番 76-8710 ※1
陸自	OH-6D 観測ヘリ	機番 31162 ※2
陸自	OH-6D 観測ヘリ	機番 31168 ※2

※1 F-104J 最終号機。
※2 教材機。

35.4527 136.9349

国内最多となる 28 機の実習機を有する航空専門学校。敷地内には F-104J 最終号機が展示されている。またコロナ禍前は OH-6D が教材機として用いられていた。

岐阜県　川崎重工業 岐阜（ぎふ）工場

〒 504-8710 岐阜県各務原市川崎町 1 番地

空自	T-33A 練習機	機番 51-5646
空自	T-4 練習機	機番 46-5726 ※

※ブルーインパルス機。

岐阜基地に隣接する岐阜工場の事務棟ビル 1 階に T-4 ブルーインパルス機が展示されており、岐阜基地航空祭開催時には外部から見ることができる。また少し離れたところに T-33A も置かれている。

岐阜県　航空自衛隊 岐阜（ぎふ）基地

〒 504-8701 岐阜県各務原市那加官有地無番地

空自	C-46D 輸送機	機番 91-1141 ※1
空自	F-104J 戦闘機	機番 36-8540
空自	F-104J 戦闘機	機番 76-8686 ※2
空自	F-4EJ 戦闘機	機番 17-8301 ※3
空自	F-4EJ 戦闘機	機番 87-8409 ※4
空自	F-86F 戦闘機	機番 62-7427 ※5
空自	H-21B 救難ヘリ	機番 02-4759 ※2
空自	T-2 練習機	機番 59-5107 ※6
空自	T-33A 練習機	機番 51-5663
空自	T-34A 練習機	機番 61-0406

※1 C-46A を D 型に改修。※2 基地内保管、非公開。※3 F-4EJ 初号機。※4 緑色ピクセルの特別塗装。※5 主翼に境界層板付き。※6 T-2 特別仕様機

航空自衛隊の航空機本体や部品の調達・保管・補給・整備を行う第 2 補給処と、航空機や航空装備品の試験等を実施する飛行開発実験団などが所在する基地。基地の南西部に 7 機の広報用展示機が置かれている。第 2 補給処内に保存指定されている F-104J と H-21B が存在するが一般公開はされていない。また飛行開発実験団の格納庫には用途廃止となった F-4EJ 初号機が保管されている。

東海

岐阜県　岐阜（ぎふ）かかみがはら航空宇宙博物館

〒504-0924 岐阜県各務原市下切町 5-1　058-386-8500　http://www.sorahaku.net/

空自	T-33A 練習機	機番 61-5221 ※1
空自	T-1B 練習機	機番 85-5801 ※2
空自	T-1B 練習機	機番 05-5810 ※3
空自	F-104J 戦闘機	機番 36-8515
空自	F-4EJ 改 戦闘機	機番 07-8431
空自	T-2 練習機	機番 19-5173 ※4
空自	T-2 練習機	機番 29-5103 ※5
空自	T-3 練習機	機番 11-5547
海自	UF-XS 飛行艇	機番 9911 ※6
海自	P-2J 対潜哨戒機	機番 4782
海自	US-1A 救難飛行艇	機番 9078
陸自	OH-6J 観測ヘリ	機番 31058 ※7
陸自	V-107A 輸送ヘリ	機番 51804
技本	サフィール X1G 試験機	機番 TX-7101 ※8
防装	BK-117 ヘリコプター	機番 6001
陸軍	乙式一型偵察機	機番なし ※9
海軍	一二試艦上戦闘機	機番なし
陸軍	三式戦闘機「飛燕」二型	機番なし ※10

※1 標準ピトー管付き。
※2 T-1 初号機、格納中で非公開。
※3 引退時の特別塗装で展示。
※4 ブルーインパルス機。
※5 CCV 実験機。
※6 重要航空遺産。元は米海軍 UF-1（機番 149822）。
※7 ローターを改良した機体。
※8 重要航空遺産。高揚力実験機。
※9 サルムソン 2A2。高精度に再現された実物大モデル。実機残存部も展示。
※10 川崎航空機岐阜工場製の実機（6117 号機）。日本航空協会の所有。

国内最大規模の航空宇宙博物館。通称「そらはく」。飛行試験のメッカである各務原（かかみがはら）飛行場（航空自衛隊 岐阜基地・防衛装備庁 岐阜試験場）に縁の深い機体を中心に約 30 機が展示されている。リストの防衛機・旧軍機以外にも、STOL 実験機「飛鳥」、VTOL フライトテストベッド、FA-200 改などの実験機や試作機、日本の航空技術史を語るうえで重要な三式戦闘機「飛燕」の実機や YS-11 旅客機など貴重な機体を数多く収蔵している。宇宙関係の展示も充実している。開館時間は 10:00 ～ 17:00（入館 16:30 まで）、休館日は月曜日、年末年始。

上：T-2CCV と飛鳥
下：展示室内

35.3877 136.8617

上段左：XOH-1 モックアップ
上段右：P-2J
中上段左：屋外展示
中上段右：UF-XS
中下段左：X1G サフィール
中下段右：乙式一型
下段左：三式戦闘機

岐阜県　高山（たかやま）市 飛騨（ひだ）エアパーク

〒 506-2133 岐阜県高山市丹生川町北方 2635-7

海自	HSS-2B 対潜ヘリ📷	機番 8114
海自	KM-2 練習機	機番 6277

全国に 8 か所作られた農道離着陸場のうちの一つで 1995 年に開港した。管理棟脇に HSS-2B と KM-2 が展示されている。8:15 ～ 17:15 の利用時間外は近寄ることができない。午後には機体左側に光が回るが、両機ともフェンス間際に置かれているため、側面写真を撮影することは困難だ。

36.1783 137.3157

三重県　陸上自衛隊 久居（ひさい）駐屯地

〒 514-1118 三重県津市久居新町 975

陸自	OH-6D 観測ヘリ	機番 31289
陸自	UH-1H 多用途ヘリ📷	機番 41717※

※訓練機。

第 33 普通科連隊などが駐屯する。正門を入ってすぐのロータリ脇に OH-6D、61 式戦車および 74 式戦車が展示されている。またロータリの左手グランドの隅には UH-1H 訓練機がある。

34.6741 136.4793
34.6737 136.4803

＊

東海

三重県　度会町 宮（みや）リバー度会（わたらい）パーク

〒 516-2103　三重県度会郡度会町棚橋 2

陸自	UH-1H 多用途ヘリ	機番 41666

宮川（みやがわ）河畔に広がる町営公園の中に UH-1H がある。開けた場所にあるが、周囲にサクラやモミジが植えられているので望遠レンズを用いて季節の色どりと絡めた写真を撮ると面白いだろう。

34.4318 136.6316

Column 5 その基地の片隅に

自衛隊基地の片隅に、エンジンを抜かれ、部品の無くなった機体が置かれていることがある。これら全てが飛べなくなった機体とは限らない。

航空自衛隊小牧基地のエプロンに置かれた、エンジンのない C-130H 輸送機。整備中の機体だ

海上自衛隊館山航空基地の片隅に並んだ、除籍となった UH-60J 救難ヘリと SH-60J 哨戒ヘリ

エンジンや動翼、外板パネル等を外された機体を基地の片隅で見かけることがある。その多くは解体を待つ、用途廃止になった機体（用廃機）だが、中には「整備中の現用機」も存在する。

交換部品の入手等に時間を要する場合、可動機数を維持するための一時的な処置として、ある機体から該当部品等を次々に取り外しては他機に譲り渡す「共食い整備」が行われている時などが該当する。

一般論だが「整備中」であればボロボロに見えても雨水侵入防止対策のために要所には目張りがされ、格納庫に入れやすい場所に置かれている。一方、「用廃機」の場合には機材等を取り外したあとは放置されたまま風雨にさらされ、機体は解体作業をしやすい場所に置かれている。

現用機と識別する目的でホイールを赤く塗っている例もある。機体の置かれた状況を総合的に見て「整備中の現用機」か「用廃機」なのかを判断しよう。そしていずれの場合でも１枚くらいは写真に残しておこう。のちのち貴重な記録となるハズだ。

（文：山本晋介）

航空自衛隊百里基地において 2013 年の航空祭で撮影した、エプロンの片隅の F-4、RF-4 ファントムの用廃機たち
写真すべて：山本晋介

Column 6 展示機はひっそりと消える 1 ——基地・駐屯地の展示機

年に一度の航空祭に行くと、昨年まで置かれていた展示機が姿を消していることがある。何らかの理由で撤去されてしまったのだ。どのような理由が生じたときに撤去されるのか？

基地や駐屯地（以下、基地等とする）に広報用展示機や訓練機（以下、用廃機とする）が置かれ始めたのは、写真記録から、1957年頃のことだ。

自衛隊が発足して3年目であり、当初は着陸時の事故等で飛行不能となった機体を展示していたが、やがて、退役して用途廃止・除籍となった“正規の用廃機”も増えた。本書発行時点では、自衛隊関連施設だけで、約150か所に350機以上の用廃機が存在している。中には60年近くも屋外に展示されている機体があるのだ。

その一方で撤去／置換されるケースが、年間2機程度の割合で発生している。本書で紹介している展示機種やその状況を見て容易に想像できると思うが、撤去理由の筆頭は間違いなく「老朽化」だ。

基地等にある展示機は「広報用」の

2022年1月中旬まで百里基地に展示されていた、F-4EJ改（17-8302号機）とRF-4E（57-6906号機）。百里基地の展示機エリア「雄飛園」のリニューアルに伴い、展示機8機のうちこの2機だけが解体撤去された。現在は新しく設置・再塗装されたF-4EJ改とRF-4Eが展示されている　写真2枚：山本晋介

三重県の陸上自衛隊久居駐屯地、グランドの隅に置かれていた訓練用のV-107輸送ヘリ。2021年春頃まではあったようだが、その後、撤去された　写真：鈴崎利治

現在は全国に3機しかない（推定）、陸上自衛隊TH-55J練習ヘリ。2018年頃アスベストの使用が発覚し、対策できない機体の撤去が急に進んでしまった。写真は2020年の霞ヶ浦駐屯地の展示機。現在は撤去済み　写真：鈴崎利治

意味合い以外にも「基地や駐屯地等のシンボル」として所属する隊員の士気の維持にも役立っている。ボロボロの機体を放置したままにすると士気も下がるので適度な間隔で修繕や再塗装をしているが、自衛隊（の現場レベル）に予算が無いのは周知の事実。「簡易な修繕・補修費用で対応できず、適度な状態を維持した展示が継続できない」場合には廃棄されることになる。聞いた話では展示機の脚部分や主翼構造部分などの「機体を支える重要な部分」に腐食が生ずるなどして「安全な展示状況を維持できなくなった場合」に撤去されることが多かったように思う。

ただし上位権限者に理解がある場合には支柱を設けて支えるなどの対策がとられて展示継続となることもあるようだ。

そのほか、施設の新設に伴い展示スペースが無くなるなど事由が生じた際にはアッサリと廃棄されてしまうこともある。自然災害により被害を受けることもある。機体を移設したり修復するにも予算が必要だ。結局はその時々の権限者の心意気一つというところなのだろう。

廃棄することが決まれば機体は展示場所から廃棄物置き場へ移設され、やがては他の大型廃棄物などと共に解体されて金属くずとして売却されることになる。運が良ければ（?）、「最後のお勤め」として緊急時のパイロット救難訓練に使用されて破壊されたり、消火訓練で燃やされることもある。いずれの場合でも、その残骸は金属くずや廃棄物として処分されてしまうのだ。

近年では撤去される機体数に比べて新たに設置された機体の数は少ないので、国内で見られる用廃機数は少しづつだが確実に減少している。

「いつまでも　あると思うな　用廃機」（詠み人知らず）。

（文：山本晋介）

航空自衛隊の浜松広報館エアーパークでは、2021年春のリニューアルに伴い、収蔵庫へ移されて見学客の前から姿を消した機体が何機かある。これはその一部で、T.55バンパイア（手前）とT-28トロージャン　写真：鈴崎利治

旧軍機なら鶉野、自衛隊機なら淡路島

近畿エリア

所蔵者／施設：19　保存／展示機：33

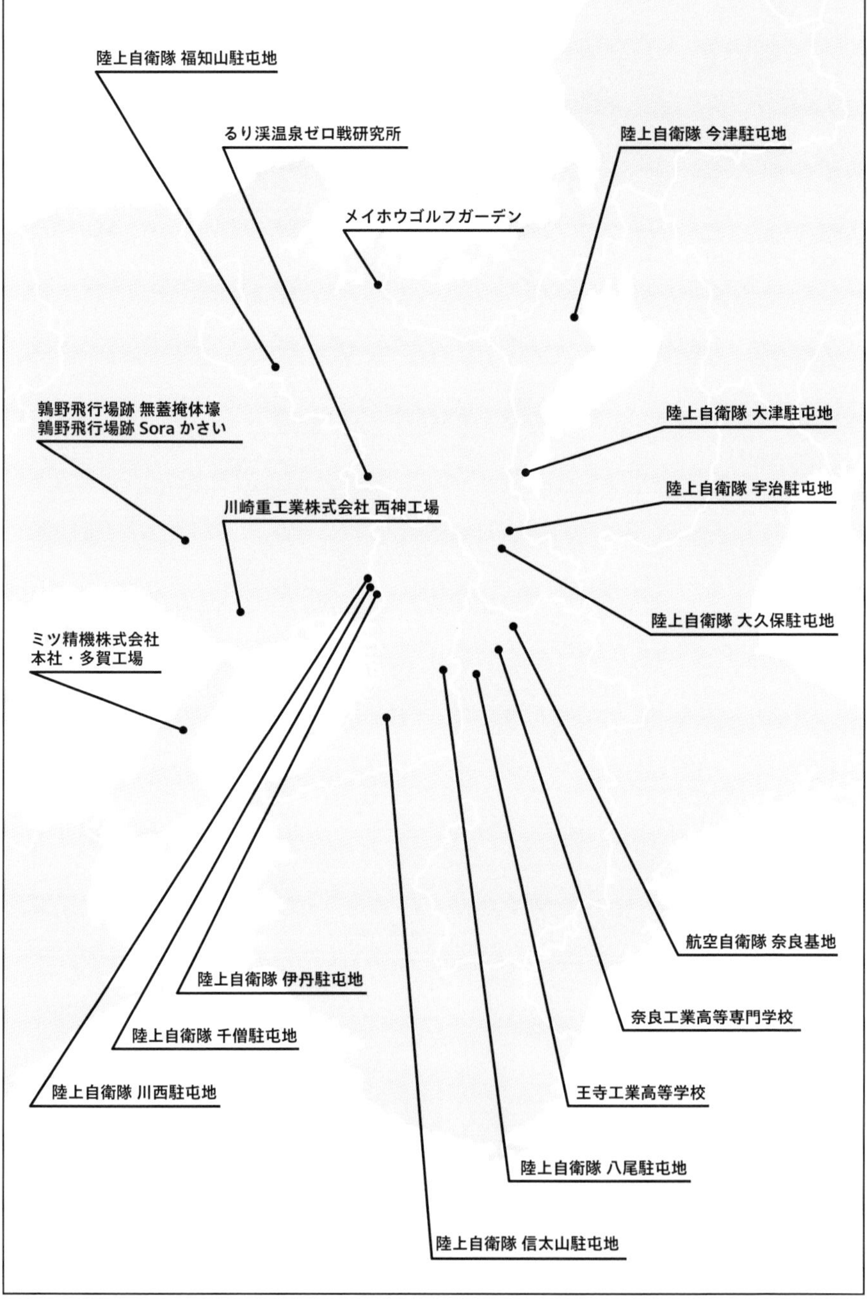

陸上自衛隊 福知山駐屯地

るり渓温泉ゼロ戦研究所

陸上自衛隊 今津駐屯地

メイホウゴルフガーデン

鶉野飛行場跡 無蓋掩体壕
鶉野飛行場跡 Sora かさい

陸上自衛隊 大津駐屯地

陸上自衛隊 宇治駐屯地

川崎重工業株式会社 西神工場

陸上自衛隊 大久保駐屯地

ミツ精機株式会社
本社・多賀工場

航空自衛隊 奈良基地

陸上自衛隊 伊丹駐屯地

奈良工業高等専門学校

陸上自衛隊 千僧駐屯地

陸上自衛隊 川西駐屯地

王寺工業高等学校

陸上自衛隊 八尾駐屯地

陸上自衛隊 信太山駐屯地

滋賀県　陸上自衛隊 大津（おおつ）駐屯地

〒520-0002 滋賀県大津市際川 1-1-1

空自	F-1 支援戦闘機	機番 90-8232
空自	F-86D 戦闘機	機番 14-8222
陸自	UH-1H 多用途ヘリ	機番 41701※

※訓練機。

中部方面混成団などが駐屯する。敷地内に F-86D、F-1、61 式戦車と 74 式戦車が展示されており、公開行事の際に見ることができる。また県道脇には UH-1H の訓練機が置かれている。訪問時には旧海軍水上機基地の遺構も見逃せない。

35.0342 135.8661
35.0363 135.8674

滋賀県　陸上自衛隊 今津（いまづ）駐屯地

〒520-1621 滋賀県高島市今津町今津平郷国有地

陸自	UH-1J 多用途ヘリ	機番 41820※

※訓練機。テイルローター無し

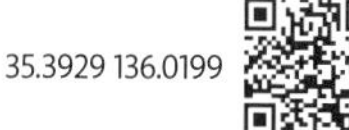

琵琶湖の北西に位置し、第 3 偵察戦闘大隊、第 10 戦車大隊、中部方面無人偵察機隊などが駐屯する。2021 年頃、エンジンとローターを外した訓練用の UH-1J が設置された。

京都府　陸上自衛隊 大久保（おおくぼ）駐屯地

〒611-0031 京都府宇治市広野町風呂垣外 1-1

陸自	UH-1H 多用途ヘリ	機番 41631※

※訓練機。

第 4 施設団などが駐屯する。敷地内に UH-1H 訓練機が置かれている。公開行事の際には、近寄ることはできないが遠目に見ることはできる。

京都府　陸上自衛隊 宇治（うじ）駐屯地

〒611-0011 京都府宇治市五ケ庄官有地

陸自	UH-1H 多用途ヘリ	機番 41659

陸上自衛隊関西補給処などが駐屯する。敷地内に UH-1H や 61 式戦車などの車両が展示されており、公開行事の際に見ることができる。

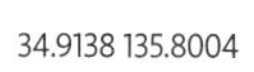

近畿・中国・四国

京都府　メイホウゴルフガーデン

〒625-0020 京都府舞鶴市小倉 370

海自　JRB-4 練習機　　機番 6415

海上自衛隊で多発機（双発機）操縦訓練ならびに計器飛行訓練に使われていた JRB-4。1965 年に用廃となり、舞鶴基地に展示されたのち、1984 年に当地に移設された。残念なことに 2018-2020 年ごろに機首が取れてしまった。

35.4791 135.4237

京都府　陸上自衛隊 福知山（ふくちやま）駐屯地

〒620-8502 京都府福知山市天田無番地

陸自　UH-1H 多用途ヘリ　　機番 41649

第 7 普通科連隊などが駐屯する。史料館近くに UH-1H が展示されている。樹木の脇にあるので終日木陰となるうえ、機体左側面は撮りづらい。

35.2878 135.1228

＊

京都府　京都るり渓温泉 ゼロ戦研究所

〒622-0065 京都府南丹市園部町大河内 1（ゼロ戦研究所）　0771-65-5001　https://rurikei.jp/

空自　T-6G 練習機　　機番 52-0101※

※旧海軍機風の濃緑色に塗装、工事のため撤去予定（2025 年ごろまで）

園部川流域の自然公園内にあるリゾート施設「京都るり渓温泉 for REST RESORT」。敷地内には観光展示施設として「ゼロ戦研究所」があり、緑色に塗装した T-6G 練習機が置かれている。この周辺をキャンプ場とする計画があり、ウェブサイトのマップには載っているが、関連記事は存在しない。機体の有無を確認してから訪問しよう。

35.0323 135.3955

大阪府　陸上自衛隊 八尾（やお）駐屯地

〒581-0043 大阪府八尾市空港 1-81

陸自　T-34A 練習機　　機番 60509※

※元航空自衛隊の 51-0349。

八尾空港に隣接しており、中部方面航空隊などが駐屯する。国内に 3 機しか残されていない貴重な陸上自衛隊の T-34A が展示されており、公開行事の際に見ることができる。

34.5987 135.6057

大阪府　陸上自衛隊 信太山（しのだやま）駐屯地

〒 594-8502 大阪府和泉市伯太町官有地

陸自	OH-6D 観測ヘリ	機番 31148
陸自	UH-1B 多用途ヘリ	機番 41559
陸自	UH-1H 多用途ヘリ	機番 41682
陸自	UH-1H 多用途ヘリ	機番 41696 ※1
陸自	V-107A 輸送ヘリ	機番 51807

※1 訓練機。メインローター無し。

第 37 普通科連隊などが駐屯する。敷地内の 3 か所に計 5 機のヘリコプターが展示されており、公開行事の際に見ることができる。

34.4895 135.4407
34.4910 135.4406
34.4916 135.4419

奈良県　航空自衛隊 奈良（なら）基地

〒 630-8522 奈良県奈良市法華寺町 1578

空自	F-1 支援戦闘機	機番 70-8276
空自	F-104J 戦闘機	機番 56-8653 ※1
空自	F-86D 戦闘機	機番 84-8100 ※2
空自	F-86F 戦闘機	機番 62-7527 ※1
空自	T-33A 練習機	機番 81-5348 ※1
空自	T-34A 練習機	機番 51-0331 ※1

※1 2023 年春の公開時にはキャノピーが黒色になっていた。※2 真の機番は 04-8196。

幹部候補生学校のある基地で滑走路は無い。敷地内に 6 機の展示機があり、春の観桜行事、6 月頃の開庁行事、そして夏季の納涼祭の時に見ることができる。

34.6976 135.8066
34.6987 135.8067

奈良県　奈良工業高等専門学校　https://www.nara-k.ac.jp/

〒 639-1080 奈良県大和郡山市矢田町 22

空自	T-6G 練習機	機番 52-0083 ※

※銀色塗装。

県道脇に銀色に塗られた T-6G が置かれている。道路からは見にくいが守衛所で入門許可を得て見学することができる。

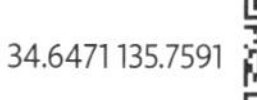
34.6471 135.7591

写真提供：奈良工業高等専門学校

奈良県　王寺工業高等学校

〒 636-0012 奈良県北葛城郡王寺町本町 3-6-1

陸自	OH-6D 観測ヘリ	機番 31133
空自	T-1B 練習機	機番 35-5863

34.5920 135.7016

2007 年 7 月から校舎前に T-1B と OH-6D が置かれている。

近畿・中国・四国

兵庫県　陸上自衛隊 川西（かわにし）駐屯地

〒666-0024 兵庫県川西市久代 4-1-50

陸自	UH-1H 多用途ヘリ	機番 41643※

※訓練機。

34.8097 135.4026

自衛隊阪神病院などが駐屯する。訓練場内にUH-1H が置かれているが、川西駐屯地公開行事の際には公開されない。しかし、近隣の伊丹駐屯地の公開行事の際にはこの訓練場内に駐輪場が設けられるので、この時に遠目ながら見ることができる。

兵庫県　陸上自衛隊 伊丹（いたみ）駐屯地

〒664-0012 兵庫県伊丹市緑ヶ丘 7-1-1

陸自	OH-6D 観測ヘリ	機番 31310※

※広報資料館内。キャビンのみ。

中部・近畿・中国・四国の陸の守りを統括する、中部方面総監部が置かれた駐屯地。厚生センター内の資料館に OH-6D のキャビン部分が展示されていて公開行事の際に見ることができる。

34.7979 135.4069

兵庫県　陸上自衛隊 千僧（せんぞ）駐屯地

〒664-0014 兵庫県伊丹市広畑 1-1

陸自	OH-6D 観測ヘリ	機番 31157

34.7891 135.4049

近畿地区を守る第 3 師団の司令部などが駐屯する。OH-6D、61 式戦車、74 式戦車が展示されており、公開行事の際に見ることができる。

兵庫県　川崎（かわさき）重工業株式会社 西神（せいしん）工場

〒651-2271 兵庫県神戸市西区高塚台 2-8-1

陸自	OH-6D 観測ヘリ	機番 31129
陸自	UH-1H 多用途ヘリ	機番 41665

34.7292 135.0269

川崎重工（株）西神工場ではジェットエンジンやガスタービンを生産している。正門脇に川崎重工でライセンス生産した OH-6D と T53 エンジンの生産および整備を行った UH-1H の 2 機のヘリコプターが展示されている。

兵庫県　鶉野（うずらの）飛行場跡 無蓋掩体壕（むがいえんたいごう）

〒675-2103 兵庫県加西市鶉野町

海自	SNJ-5 練習機	機番 6180※

※滑走路跡地から約 450m 離れた無蓋掩体壕に展示。

旧日本海軍鶉野飛行場の周辺には、55 個の無蓋掩体壕がつくられたという。そのひとつに緑色に塗り替えたノースアメリカン SNJ 練習機を展示している。加西市の管理する「鶉野飛行場跡」とは管理が異なる。

34.8950 134.8645

近畿・中国・四国

兵庫県　鶉野（うずらの）飛行場跡 sora かさい

〒 675-2103 兵庫県加西市鶉野町 2274-11　0790-49-8100　https://www.sorakasai.jp/

海軍	局地戦闘機「紫電」二一型	機番 A343-23
海軍	九七式１号艦上攻撃機📷	機番ヒメ -305

鶉野飛行場跡地は、旧日本海軍航空隊の戦跡のひとつ。「sora かさい」は 2022 年 4 月 18 日にオープンした観光拠点。館内に紫電改と九七艦攻の実物大モデルが展示されている。開館時間は 9:00 ～ 18:00。休館日は第 2・4 月曜日と年末年始。

兵庫県　ミツ精機株式会社 本社・多賀（たが）工場

〒 656-1522 兵庫県淡路市下河合 301

空自	F-1 支援戦闘機	機番 70-8207
陸自	LR-1 連絡偵察機	機番 22004
陸自	OH-6D 観測ヘリ	機番 31122
空自	T-1B 練習機📷	機番 35-5862
空自	T-3 練習機	機番 01-5533
陸自	UH-1H 多用途ヘリ	機番 41669
陸自	V-107A 輸送ヘリ📷	機番 51816

淡路島にある航空宇宙機器部品や医療用装置部品等の精密加工を手掛ける会社で、本社・多賀工場敷地内に併設した「翼の広場」（展示館を含む）に F-1、T-1B、T-3、LR-1、OH-6D、UH-1H、V-107 の 7 機の自衛隊機やジェットエンジン等を展示している。平日には無料で見学できるので気軽に問い合わせてみよう。

34.4586 134.8601 

近畿・中国・四国

大型機も、練習機も、旧軍機もある

中国・四国エリア

所蔵者／施設：27　保存／展示機：73

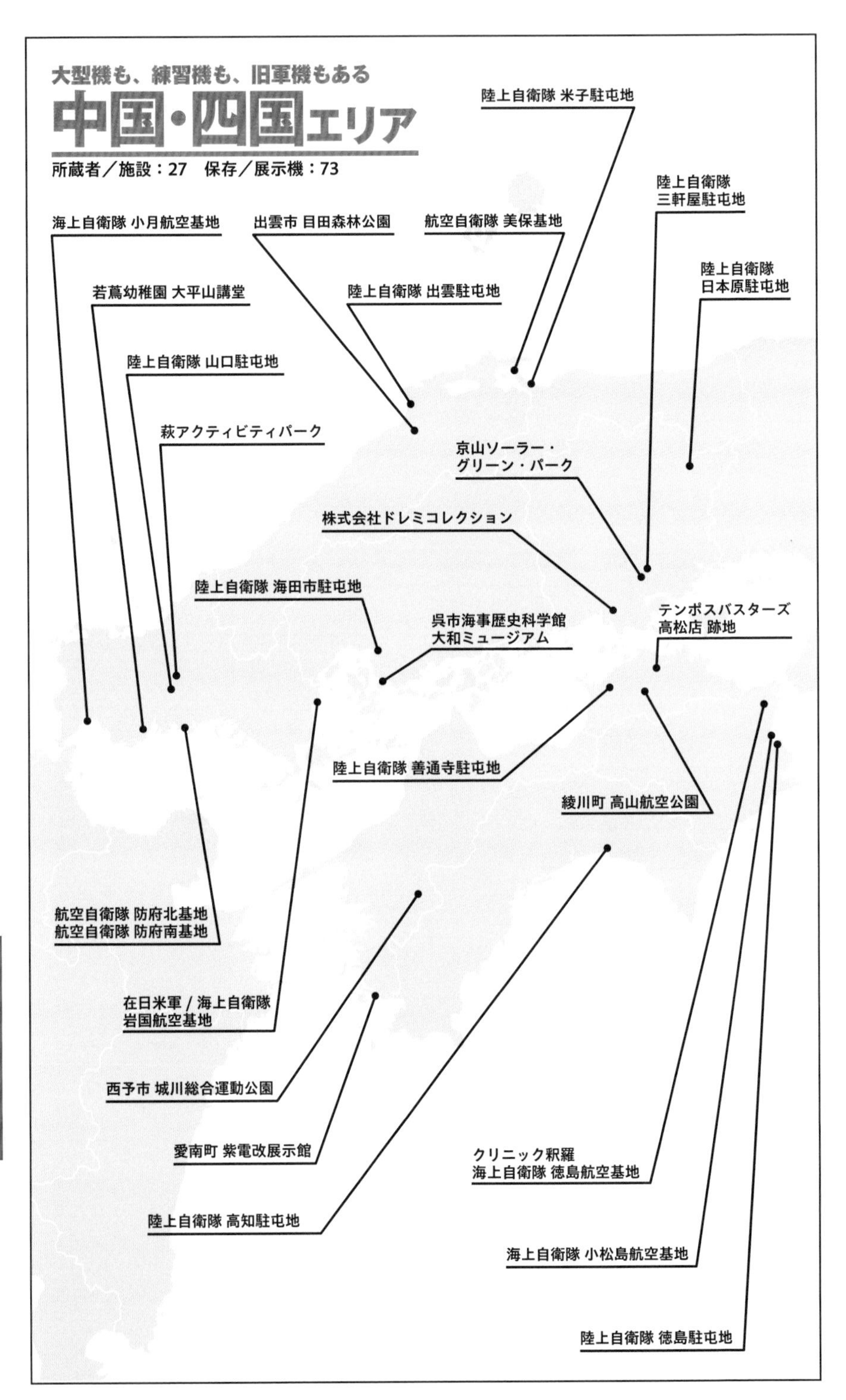

岡山県　陸上自衛隊 日本原（にほんばら）駐屯地

〒708-1325 岡山県勝田郡奈義町滝本官有無番地

陸自　OH-6J 観測ヘリ📷　機番 31109
陸自　UH-1B 多用途ヘリ　機番 41508
陸自　V-107A 輸送ヘリ📷　機番 51801

第 13 特科隊などが駐屯する。正門奥に OH-6J、UH-1B、V-107 が展示されており、公開行事の際に見ることができる。V-107 はエンジンを強化した陸自 V-107 の初号機で、機体両側に 500 ガロン燃料タンク兼スポンソンを装備した、いわゆる“沖縄仕様”の機体だ。

35.1171 134.1488

岡山県　陸上自衛隊 三軒屋（さんげんや）駐屯地

〒700-0001 岡山県岡山市北区宿 978

陸自　OH-6J 観測ヘリ　機番 31089

陸上自衛隊関西補給処三軒屋弾薬支処などが駐屯する。正門奥に OH-6J と 61 式戦車、74 式戦車などの車両が置かれている。

34.6982 133.9329

岡山県　京山（きょうやま）ソーラー・グリーン・パーク

〒700-0015 岡山県岡山市北区京山 2-5-2

空自　F-104J 戦闘機　機番 76-8687

かつての遊園地跡に F-104J が残されており、現在では散策コースの立ち寄りスポットとなっている。コースには毎週水曜日を除く午前 9 時から午後 17 時まで入山できるが山道整備等による臨時閉鎖もあるので事前に確認してから訪問しよう。

34.6770 133.9045

岡山県　株式会社ドレミコレクション　https://www.doremi-co.com/ki61-1-hien

〒712-8043 岡山県倉敷市広江 1-2-22　086-456-4004

陸軍　三式戦闘機「飛燕」一型※📷
陸軍　三式戦闘機「飛燕」一型※

※実機と実物大模型を同時展示。

カワサキをはじめとしたオートバイ・パーツの製造・販売業者。倉敷本社の展示館で、川崎「飛燕」一型の実機と実物大モデルを公開している。実機は回収時の状態。実物大モデルは操縦桿・照準器・計器など一部に実物を使用している。最新情報はウェブサイトで確認しよう。

写真提供：ドレミコレクション

鳥取県　陸上自衛隊 米子（よなご）駐屯地

〒683-0853 鳥取県米子市両三柳 2603

陸自	OH-6D 観測ヘリ	機番 31149
陸自	UH-1H 多用途ヘリ	機番 41676
陸自	V-107 輸送ヘリ	機番 51742

※いずれも訓練機。

第 8 普通科連隊などが駐屯する。OH-6D、UH-1H、V-107、74 式戦車などが国道沿いに置かれている。春の観桜シーズン、夏祭り、秋の開庁記念行事と年に 3 回は駐屯地開放が行われている。機体のある場所が開放されるかどうか確認してから訪問しよう。

35.4582 133.3275

鳥取県　航空自衛隊 美保（みほ）基地

〒684-0053 鳥取県境港市小篠津町 2258

空自	C-1 輸送機	機番 38-1003 ※1
空自	C-46D 輸送機	機番 91-1139 ※2
空自	F-1 支援戦闘機	機番 20-8260
空自	F-104J 戦闘機	機番 46-8602
空自	F-4EJ 改 戦闘機	機番 17-8439
空自	F-86D 戦闘機	機番 04-8202
空自	S-62J 救難ヘリ	機番 63-4776
空自	T-1B 練習機	機番 35-5860
空自	T-3 練習機	機番 11-5543
空自	T-33A 練習機	機番 51-5647
空自	YS-11P 輸送機	機番 02-1158 ※3

※1 国内唯一の C-1 展示機。
※2 C-46A を D 型に改修。
※3 YS-11C を P 型に改修。貨物ドアが残る。

官民共用の米子空港に、C-2 輸送機、KC-46A 空中給油機を運用する航空自衛隊第 3 輸送航空隊と、CH-47JA 輸送ヘリを運用する陸上自衛隊中部方面ヘリコプター隊第 3 飛行隊が同居している。基地正門近くに 8 機、基地南東部に 3 機、合計 11 機の広報展示機が置かれている。空自基地の中で最も多いほう。正門近くの機体は例年初夏の航空祭で見ることができる。基地南東部の 3 機は金網越しだが、いつでも見ることができる。

35.4932 133.2516
35.5011 133.2387
35.5023 133.2387

島根県　陸上自衛隊 出雲（いずも）駐屯地

〒693-0052 島根県出雲市松寄下町 1142-1

陸自	OH-6D 観測ヘリ📷	機番 31164
陸自	UH-1H 多用途ヘリ	機番不明※

※訓練機。

第 13 偵察隊などが駐屯する。ゲート脇に OH-6D、74 式戦車、75 式 155mm 自走りゅう弾砲が展示されており、公開行事の際に見ることができる。敷地内には訓練用の UH-1H も置かれているが、こちらは間近に見ることは難しい。

35.3685 132.7075
35.3688 132.7115

島根県　出雲（いずも）市 目田（めだ）森林公園

〒693-0506 島根県出雲市佐田町反邊 1141-4

空自	T-33A 練習機	機番 81-5340

JR 出雲市駅の南西約 15㎞の山中にあるキャンプ場の木立に囲まれるようにして T-33A が置かれている。入園料 200 円、冬季（12 月から翌年 3 月頃）は休園となるのでウェブサイトで詳細を確認してから訪問しよう。

35.2440 132.7144

広島県　呉（くれ）市 海事歴史科学館 大和（やまと）ミュージアム

〒737-0029 広島県呉市宝町 5-20　0823-25-3017　https://yamato-museum.com/

海軍	零式艦上戦闘機 六二型	機番 210-118B※

※中島飛行機製 82729 号機をベースにした復元機。オリジナルの計器板等は報国 515 資料館蔵。

明治以降の呉の歴史と造船関連技術を展示する博物館。展示の主役は 10 分の 1 サイズの戦艦「大和」の模型だが、ヒコーキマニアの間では零戦六二型の復元機があることで知られている。開館時間は 9:00 ～ 18:00（入館 17:30 まで）、休館日は火曜日（無休期間あり）。

34.2413,132.5559

広島県　陸上自衛隊 海田市（かいたいち）駐屯地

〒736-0053 広島県安芸郡海田町寿町 2-1

陸自	UH-1H 多用途ヘリ	機番 41638※

※訓練機。

第 13 旅団司令部などが駐屯する。敷地内に UH-1H が訓練用に置かれているが創立／創隊記念行事の時であっても見ることはできない。

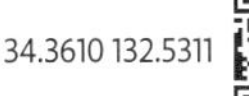
34.3610 132.5311

山口県　在日アメリカ軍／海上自衛隊 岩国（いわくに）航空基地

〒740-8555 山口県岩国市三角町 2 丁目官有地

米海兵	F/A-18C 戦闘機	機番不明※1
米海兵	OA-4M 前線統制機	機番 154638
海自	B-65 練習機	機番 6725
海自	PS-1 対潜哨戒飛行艇	機番 5813
海自	US-1A 救難飛行艇	機番 9090 ※2
海軍	零式艦上戦闘機二一型	機番イハ -192 ※3

※1 WD242 VMFA-212 と記入。
※2 非公開。
※3 映画『零戦燃ゆ』で使用。

34.1317 132.2479
34.1499 132.2363
34.1512 132.2214

正門ゲートを入ってすぐに F/A-18C が置かれているが許可を得ない限り撮影はできない。また滑走路南端付近には PS-1 飛行艇と B-65 があるが、このエリアには公開イベント時でも近寄ることはできない。公開イベント時には基地内にある OA-4M の脇を走る道路が歩行者通路として設定されることが多く、この時には見ることができる。零戦二一型は映画『零戦燃ゆ』（1984 年、東宝）で使用された実物大模型。道路脇の掩体壕内に展示されているが、最近のイベントでは開放エリアにならず、一般人は見ることができない。

*

山口県　萩（はぎ）アクティビティパーク

〒753-0101 山口県萩市佐々並 463 − 1　http://asahicamp.com/

海自	KM-2 練習機	機番 6290

JR 山口駅近隣の山中にあるゴーカートのサーキット場を併設したオートキャンプ場の入口近くに元海上自衛隊 KM-2 練習・連絡機がある。機体の写真を撮るだけなら入場料は不要だが、定休日には近づくことができない。

34.2438 131.4978

山口県　陸上自衛隊 山口（やまぐち）駐屯地

〒753-0091 山口県山口市上宇野令 784

陸自	OH-6D 観測ヘリ	機番 31181

第 17 普通科連隊などが駐屯する。正門脇に OH-6D があるが、5 枚の MR のうち 2 枚が外されている。このほか 61 式戦車、74 式戦車などが一緒に並べられていて公開行事の際に見ることができる。

34.1883 131.4836

*

山口県　航空自衛隊 防府北（ほうふきた）基地

〒747-0834 山口県防府市田島無番地

空自	F-1 支援戦闘機	機番 10-8256
空自	F-104J 戦闘機	機番 36-8537
空自	F-86D 戦闘機	機番 04-8203
空自	T-1A 練習機	機番 15-5816
空自	T-3 練習機	機番 81-5506
空自	T-33A 練習機	機番 51-5632
空自	T-34A 練習機	機番 51-0372※1
陸自	OH-6D 観測ヘリ	機番 31313※2

※1 防大から移設して 2019 年 3 月設置。
※2 OH-6D 最終号機。

34.0307 131.5408
34.0320 131.5374
34.0340 131.5367

国内に 2 か所ある航空自衛隊パイロットの初等訓練基地の西の拠点で、T-7 練習機が配備されている。陸上自衛隊第 13 飛行隊も駐屯しており、UH-1J 多用途ヘリも見ることができる。基地正門奥に T-1A など 5 機が並び、F-1 と F-104J は基地内に展示。陸自格納庫裏に OH-6D 最終号機が置かれている。例年初夏に行われる航空祭でこれらの機体を間近に見ることができる。

山口県　航空自衛隊 防府南（ほうふみなみ）基地

〒747-8555 山口県防府市田島無番地

空自	F-1 支援戦闘機	機番 50-8270
空自	F-104J 戦闘機	機番 46-8636
空自	F-86D 戦闘機	機番 84-8127
空自	F-86F 戦闘機	機番 52-7403※
空自	T-34A 練習機	機番 61-0391

※主翼に境界層板付き。

航空自衛隊の新規入隊者の教育施設。防府北基地から 400m ほど離れており、滑走路は無い。例年、防府北基地の航空祭前日（土曜日）に公開行事が行われており、この際に正門脇に並ぶ F-86D、F-86F、F-104J、T-34A、F-1 の 5 機を見ることができる。

34.0216 131.5433

近畿・中国・四国

山口県　海上自衛隊 小月（おづき）航空基地

〒 750-1124 山口県下関市松屋本町 3-2-1

海自	KM-2 練習機	機番 6292
海自	KM-2 練習機	機番 6293※
海自	SNJ-5 練習機	機番 6164
海自	T-34A 練習機	機番 9005
海自	T-5 練習機	機番 6334

※旧陸上自衛隊 TL-1 JG81001、資料講堂内に展示。

海上自衛隊のパイロット養成基地であり、国内で唯一 T-5 練習機を配備している基地だ。屋外には過去に使用された練習機 4 機が展示されているが、公開イベント時でも一般公開エリアとはならず、近づけないこともある。このほか搭乗員教育史料講堂内に KM-2 が展示されている。

34.0482 131.0567

山口県　若蔦（わかつた）幼稚園 大平山（おおひらやま）講堂

〒 754-1277 山口県山口市阿知須大平山 1152

空自	T-34A 練習機	機番 61-0400

幼稚園の敷地内に T-34A がある。敷地内の事務員に一言ことわれば、飛行機を見学できる。園児は別の園舎にいるため、撮影も問題ない。

34.0154 131.3321

香川県　株式会社テンポスバスターズ 高松（たかまつ）店 跡地

〒 761-8058 香川県高松市勅使町 619 四国イビケン

陸自	UH-1B 多用途ヘリ	機番 41506

高松市を横切る国道 11 号線沿い。中古厨房機器を扱うテンポスバスターズの系列店があったが、お店は 2023 年 8 月に移転した。跡地入り口看板の上に元陸上自衛隊の UH-1B が置かれている。緑／白／赤に塗られており、自衛隊機の面影は残っていない。

34.3079 134.0153

香川県　綾川（あやがわ）町 高山（たかやま）航空公園

〒761-2205 香川県綾歌郡綾川町東分乙 390-17

空自	T-2 練習機	機番 69-5126

高松空港の滑走路延長上にある公園。航空自衛隊の T-2、セスナ 170B（JA3106）および川崎ベル 47G3-KH4（JA7465）の 3 機が展示されている。普段は閑散とした公園だが、観桜のシーズンには駐車場があふれて付近に渋滞が生ずるほど多くの花見客で賑わう。

34.2021 133.9672 

香川県　陸上自衛隊 善通寺（ぜんつうじ）駐屯地

〒765-0002 香川県善通寺市南町 2 丁目 1-1

空自	F-86D 戦闘機📷	機番 04-8191
陸自	OH-6J 観測ヘリ	機番 31110
陸自	UH-1H 多用途ヘリ📷	機番 41683
陸自	V-107 輸送ヘリ	機番 51735

四国防衛の中枢となる第 14 旅団司令部などが駐屯する。資料館（乃木館）前には F-86D、UH-1H、OH-6J、V-107 や車両などが展示されており、平日にはゲートで簡単な手続きをするだけで見学できる。詳細はウェブサイトを確認のこと。

34.2205 133.7818 

徳島県　クリニック釈羅（しゃら）

〒771-0220 徳島県板野郡松茂町広島鍬ノ先 22

米海	A-4E 攻撃機	機番 151095

徳島空港の滑走路延長上にある心療内科 / 精神科 / 内科。病院敷地内にブルーエンジェルス塗装の A-4E が置かれている。1994 年頃に当時の院長と米海軍厚木基地司令が賭けをし、賭けに勝った院長が賞品として、当時すでに用廃だった VC-5（テイルコード UE）所属の A-4E を入手（手続き上は貸与）したという逸話がある。日本飛行機で現在の塗装を施したのち前後胴体と主翼に三分割して、東名、名神を経由して陸送され、1997 年 2 月 16 日から公開。

34.1374 134.5847 

徳島県　海上自衛隊 徳島（とくしま）航空基地

〒771-0292 徳島県板野郡松茂町住吉住吉開拓 38

海自	B-65 練習機	機番 6702※1
海自	S-62J 救難ヘリ	機番 8926
海自	S2F-1 哨戒機	機番 4150
海自	TC-90 練習機	機番 6802※2
海自	TC-90 練習機	機番 6810

※1 機首部分を広報館に展示。
※2 訓練機。消火・救助訓練に使用。

徳島空港と滑走路を共有する海上自衛隊の訓練基地で第 202 教育航空隊の TC-90 が配備されている。敷地内に TC-90、S2F-1 と S-62 があり、また資料館内にはコクピット見学用として B-65 の機首部分が置かれている。これらは基地公開行事の際に見ることができる。敷地内には消火訓練用の機体も存在している。敷地には陸上自衛隊の第 14 飛行隊も同居しているが、陸自機の展示機は無い。

34.1294 134.5963
34.1304 134.5989
34.1307 134.6044

徳島県　海上自衛隊 小松島（こまつしま）航空基地

〒773-8601 徳島県小松島市和田島町洲端 4-3

海自	HSS-2B 対潜ヘリ	機番 8161
海自	SH-60J 哨戒ヘリ	機番 8224※

※第 24 航空隊にちなんで「8224」と記入。真の機番は 8273。テイル部分が特別塗装。

SH-60J を運用する、海上自衛隊第 24 航空隊の基地。HSS-2B と SH-60J の対潜ヘリ（哨戒ヘリとも）が 2 機展示されており、基地公開で見られる。道路からでも金網越しに見ることができる。

34.0025 134.6313

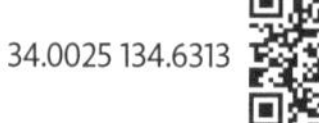

徳島県　陸上自衛隊 徳島（とくしま）駐屯地

〒779-1116 徳島県阿南市那賀川町小延 413-1

陸自	OH-6D 観測ヘリ	機番 31147
陸自	UH-1H 多用途ヘリ	機番 41690※

※訓練機。メインローター無し。

2012 年 3 月に開庁した新しい駐屯地。第 14 施設隊などが駐屯する。正門脇に OH-6D と 74 式戦車が展示されており、公開行事の際に見ることができる。駐屯地南西端には訓練用に UH-1H が置かれているが、こちらは通常見ることはできない。

33.9718 134.6478
33.9734 134.6500

高知県　陸上自衛隊 高知（こうち）駐屯地

〒781-5495 高知県香南市香我美町上分 3390

陸自	OH-6D 観測ヘリ	機番 31200
陸自	UH-1H 多用途ヘリ📷	機番 41715

第 50 普通科連隊などが駐屯する。正門脇に OH-6D、UH-1H、74 式戦車が置かれており、公開行事の際に見ることができる。

33.5573 133.7526

*

愛媛県　西予（せいよ）市 城川（しろかわ）総合運動公園

〒797-1701 愛媛県西予市城川町土居 30-2

空自	F-104DJ 練習機	機番 46-5008

グラウンドからやや離れた山腹の広場に F-104DJ がある。機体は汚れ、ピトー管は折られて無くなっているが、国内に少数機が残る貴重な複座型のスターファイターだ。

愛媛県　紫電改（しでんかい）展示館

〒798-4353 愛媛県南宇和郡愛南町久良 1060　0895-73-2151

海軍	局地戦闘機「紫電」二一型	機番なし

※日本に現存する唯一の実機。補修して展示。

愛媛県南部の馬瀬山（ばせやま）公園内にある展示施設。1978 年に久良湾で発見され揚収された紫電改が展示されている。1945 年 7 月 24 日の戦闘で未帰還となった 6 機のうちの 1 機と考えられている。展示館の更新が検討されており、2026 年度には新しい展示館となる予定。工事期間中の見学の可否については不明なので、見学可能なことを確認してから訪問しよう。開館時間は 9:00 ～ 17:00、休館日：年末年始。

32.9502 132.5491

Column 7 展示機はひっそりと消える 2 ――公園の展示機

公園の機体が展示後数年で撤去されてしまうことがある。一方でボロボロになっても展示されている機体がある。なぜ？ どうして？個々の事案の背景は様々だが、理由を知るヒントを紹介しよう。

本書の別コラムで自衛隊機が展示機になるときの話をしているが（50～51ページ）、適用される省令の概要を復習しておくと「機体は無料で貸してあげるけれど、その輸送費、設置費、維持管理費、撤去・返送費用は借主負担だよ。契約は1年毎に更新しようね」という内容だ。公園や民間企業の敷地等に展示されている機体に対しては、常にこれらの費用の話が絡んでくる。

自治体や民間企業の多くが採用している会計年度は、4月1日に始まり、翌年3月31日に終了する。この場合、おおむね8月末ごろまでに次年度の概算予算案を作り、年末ごろまでにその内容を精査し、2～3月頃に次年度予算が決定するという流れになっている。

2021年11月中旬まで、山口県周防大島町のなぎさパークに展示されていたPS-1哨戒飛行艇（5818号機）。全幅、全長とも30メートルを超える大型機だが、解体撤去の作業は2日で終わった　写真：鈴崎利治

晩秋ごろに公表されることの多い各自治体の事業計画や、2月頃の次年度予算案審議議事録などを読むと、公園や公用地等の整備や開発計画があり、この中で貸与された機体の扱いについて述べられていることがある。公園施設の見直しや地域の再開発などの様々な理由により「次年度以降の機体の借り受けをやめる」という方針が認められ、かつ返送費用を含んだ「撤去にかかる費用」が認められた場合には、展示機がどんなに新しく、また貴重な機体であろうとも、（原則として）その予算の執行期間内に撤去される。

一方で機体がボロボロでも「撤去のための予算が無い場合」には、その予算が付くまでは放置されることもある。ただし「撤

2022年の年明け頃まで、福井県永平寺町の人希の里（にんきのさと）公園に置かれていたOH-6D観測ヘリ（31139号機）。撤去の理由は「老朽化が進み、修繕が難しくなったため」。写真は2021年10月に撮影したもので、左下風防が割れ、多くの計器が抜かれていた。現在、福井県に自衛隊の展示機はない　写真：山本晋介

去の予定は無かったが機体の老朽化が予想以上に進んでおり、このままでは危なくなった」、「自然災害で破損した」などの場合には、急きょ予算を認めて撤去する場合もあるだろう。

自治体等の機体管理部署に対しては、常日頃から機体に関心を持っていることを投書などでしっかりと伝え（SNSでの個人のつぶやき程度ではダメだ）て、機体を撤去する動議を提出させないようにし、また機体を維持するための予算を1円でも多くつけてもらうよう働きかけていただければと思う。「地元から愛されない機体」は遠からず撤去される可能性が高いのだ。

ちなみに本稿で参考にした法規はこちらのとおり。

- 物品の無償貸付及び譲与等に関する法律
- 防衛省所管に属する物品の無償貸付及び譲与等に関する省令
- 防衛省所管国有財産（航空機）の取扱いに関する訓令

（文：山本晋介）

公園ではないが、2022年10月まで静岡県浜松市に《喫茶飛行場》という名の軽食店があった。かつてはオーナー所有のT-33A練習機のほか、お客さんが所有する6機種9機の機首が並ぶ、浜松のヒコーキ好きたちのたまり場だったという。すべての機体は閉店前に次の所有者へと引き継がれていき、いまでは建物もない　写真：山本晋介

その実物大モデル、ぜひ見たい

九州北部エリア

所蔵者／施設：26　保存／展示機：54

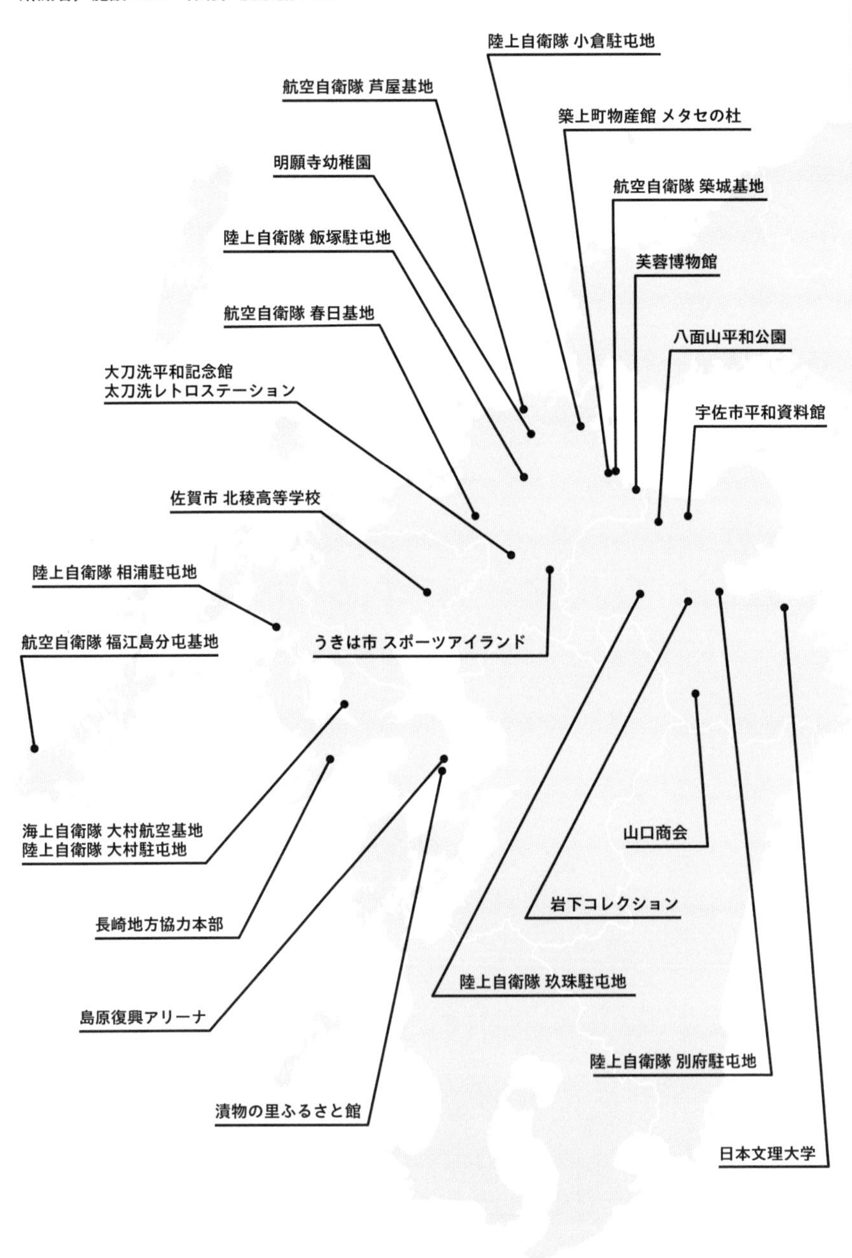

九州・沖縄

福岡県　航空自衛隊 築城（ついき）基地

〒829-0151 福岡県築上郡築上町西八田無番地

空自	T-33A 練習機	機番 51-5627※1
空自	F-86F 戦闘機	機番 92-7938※1
空自	F-86D 戦闘機	機番 84-8115※1
空自	F-104J 戦闘機	機番 36-8546※1
空自	F-1 支援戦闘機	機番 70-8277※2
空自	F-15J 戦闘機	機番 72-8883※3
空自	F-4EJ 戦闘機	機番 07-8429※4

※1 以前は正門近くに展示。2023 年 9 月時点で移設中。
※2 同左。F-1 最終号機、# 232 に続く二代目の展示機。
※3 2008 年 9 月 11 日墜落機の垂直尾翼モニュメント、操縦者生還。
※4 いずれ展示予定。

第 8 航空団の F-2 戦闘機、T-4 練習機が配備されている西の守りの要。正門奥の敷地に F-86F、F-86D、F-104J、F-1、T-33A の 5 機の展示機が置かれていたが、基地内施設等の建設工事に伴って滑走路北西部に移動されており、本書発行時点では見ることができない。また 2021 年 3 月 15 日に岐阜基地から展示用に F-4EJ が飛来して用廃となり、格納保管されている。展示再開については基地からの発信が待たれるところだ。

33.6760 131.0383

福岡県　築上町（ちくじょうまち）物産館 メタセの杜（もり）

〒829-0107 福岡県築上郡築上町弓の師 765　https://metase.net/

空自	F-4EJ 改 戦闘機	機番 87-8415
空自	T-33A 練習機	機番 81-5358※

※真の機番は 91-5403。

築城基地の滑走路延長線上にある物産館で、上空を F-2 戦闘機、T-4 練習機などが頻繁に通過する。T-33A と F-4EJ 改を展示している。T-33A の尾翼には「91-5358」と記入されているが、本当は「91-5403」号機だ。

33.6746 131.0123
33.6757 131.0147

福岡県　陸上自衛隊 小倉（こくら）駐屯地

〒802-8567 福岡県北九州市小倉南区北方 5-1-1

陸自	OH-6D 観測ヘリ	機番 31251
陸自	UH-1H 多用途ヘリ	機番 41711※

※ 訓練機。

第 40 普通科連隊などが駐屯する。正門脇に OH-6D、61 式戦車、74 式戦車の展示された区画があり、公開行事の際に見ることができる。また敷地内には訓練用の UH-1H が置かれているが、こちらは開放時の状況次第では遠目に見ることができる。

33.8411 130.8813
33.8439 130.8802

福岡県　航空自衛隊 芦屋（あしや）基地

〒807-0192 福岡県遠賀郡芦屋町大字芦屋 1455-1

空自	F-1 支援戦闘機	機番 80-8219※1
空自	F-86D 戦闘機	機番 84-8106
空自	F-86F 戦闘機	機番 52-7406※2
空自	H-19C 救難ヘリ	機番 91-4777※3
空自	T-1A 練習機	機番 05-5812
空自	T-6D 練習機	機番 52-0002

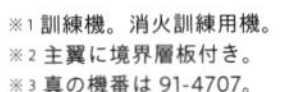
※1 訓練機。消火訓練用機。
※2 主翼に境界層板付き。
※3 真の機番は 91-4707。

　戦闘機コースの学生パイロットが、T-7 初等練習機での訓練を終え、初めてジェット練習機に搭乗する訓練基地。第 13 飛行教育団の T-4 と芦屋救難隊の U-125A、UH-60J が配備されている。正門奥に T-1A、T-6D、F-86F、F-86D、H-19C が展示されている。また基地内には F-1 支援戦闘機が置かれており、消火訓練や操縦者救難訓練に使用されている。これらは例年 10 月頃に行われる航空祭の時に見ることができるが、年によってはロープで仕切られて近づけないこともある。

33.8837 130.6624
33.8891 130.6637

福岡県　明願寺（みょうがんじ）幼稚園

〒809-0034 福岡県中間市中間 4-8-1　http://myouganjiyouchien.kids.coocan.jp/

空自	T-34A 練習機	機番 51-0384

　屋上に T-34A が置かれている。遠賀川の土手から 600 ミリ程度のレンズを使うとほぼアイレベルで見ることができる。

33.8192 130.7105

福岡県　陸上自衛隊 飯塚（いいづか）駐屯地

〒820-0064 福岡県飯塚市津島 282

陸自	UH-1H 多用途ヘリ	機番不明※

※訓練機。UH-1B の可能性あり。

33.6837 130.6753

　第 2 高射特科団などが駐屯し、演習場エリアには機番不明の UH-1H が訓練用に置かれている。公開行事の際でも公開されることはまず無いため、見ることはできない。

九州・沖縄

福岡県　航空自衛隊 春日（かすが）基地

〒 816-0804 福岡県春日市原町 3-1-1

空自	F-1 支援戦闘機	機番 90-8234
空自	F-104J 戦闘機	機番 46-8603
空自	F-86F 戦闘機	機番 82-7777※

※元ブルーインパルス機で、退役時は別の部隊。展示にあたり青白塗装を適用。

西部航空方面隊司令部などが所在する、西の空の守りの拠点。滑走路は無く、司令部付きの航空部隊は近隣の福岡空港内の板付地区で活動している。正門奥に F-86F と F-104J があり、F-86F にはブルーインパルス塗装が施されているが、本機がブルーインパルスに所属したことはない。例年夏季の納涼祭と 11 月頃に行われる開庁記念行事が撮影のチャンスだ。また県道沿いの築堤上には F-1 が展示されており、道路からいつでも見ることができる。

33.5295 130.4641
33.5316 130.4660

福岡県　太刀洗（たちあらい）レトロステーション

〒 838-0814 福岡県朝倉郡筑前町高田 417-3　https://www.crossroadfukuoka.jp/spot/10873

空自	T-33A 練習機	機番 71-5293

甘木（あまぎ）鉄道「太刀洗」駅の旧駅舎を利用した小さな博物館。その脇に数メートルの高さの台座を設け、T-33A を西向きに設置している。旧駅舎は 1987 年から 2008 年まで私設博物館「大刀洗平和記念館」として使われており、機体があるのはその名残だ。

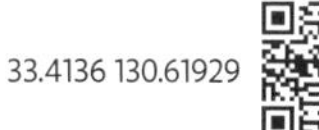

33.4136 130.61929

福岡県　筑前（ちくぜん）町立 大刀洗（たちあらい）平和記念館

〒 838-0814 福岡県朝倉郡筑前町高田 2561-1　0946-23-1227　http://tachiarai-heiwa.jp/

陸軍	九七式戦闘機※1	
海軍	零式艦上戦闘機三二型	機番 Y2-128※2
海軍	局地戦闘機「震電」	機番なし

※1 実機。
※2 実機（三菱重工製 31483621 号機）をベースにした復元機。外翼が三二型の実物主翼。

旧陸軍大刀洗飛行場の歴史や近隣にある太平洋戦争の遺構を通じて、平和を祈念する趣旨で建てられた町立博物館。館内に九七式戦闘機と零戦三二型、そして震電の実物大模型がある。屋外には三菱の MH-2000A ヘリコプターが展示されている。開館時間 9:00 ～ 17:00（入館は 16:30 まで）、12 月 26 ～ 31 日は休み。

福岡県　うきは市スポーツアイランド

〒839-1304 福岡県うきは市吉井町千年 1166

空自	T-33A 練習機	機番 71-5279

筑後川河畔にある総合運動場。その一角に T-33A が置かれている。周囲には数多くのサクラが植えられているので、開花シーズンに訪問してベストショットをモノにして欲しい。

33.3630 130.7669

福岡県　芙蓉（ふよう）博物館

〒828-0027 福岡県豊前市赤熊 1341 − 4　http://fuyomuseum.com/

海軍	零式水上偵察機※

※実機（九飛 61024 号）。航空自衛隊 岐阜基地から譲渡。

JR「宇島」駅近くにある、私設の歴史博物館。航空自衛隊岐阜基地から零式水上偵察機（実機）の譲渡を受け、音楽館からフロートを譲り受けた。2023 年 9 月現在、開館に向けて修復作業中。館内は撮影禁止となる見込み。掲載写真は岐阜基地内に展示されていた当時のもの。

33.6211 131.1315

佐賀県　北稜（ほくりょう）高等学校

〒849-0921 佐賀県佐賀市高木瀬西 3-7-1　https://hokuryo.ac.jp/

陸自	OH-6D 観測ヘリ	機番 31261

33.2813 130.2835

佐賀県内で唯一の工業系・福祉系専門高校。2017 年 9 月に貸与された陸上自衛隊の OH-6D が交通サービス科の実習教材として使われている。

長崎県　陸上自衛隊 相浦（あいのうら）駐屯地

〒858-8555 長崎県佐世保市大潟町 678

陸自	OH-6J 観測ヘリ	機番 31104
陸自	UH-1H 多用途ヘリ	機番 41635
陸自	UH-1H 多用途ヘリ📷	機番 41661※
陸自	UH-1H 多用途ヘリ	機番不明※
陸自	V-107 輸送ヘリ	機番 51705

※訓練機。

水陸機動団などが駐屯する。敷地中央付近の庁舎エリア前に OH-6J、UH-1H、V-107 および 74 式戦車が展示されており、駐屯地公開イベント時に見ることができる。また一般には公開されない西側エリアのプール脇に機体番号不明の UH-1H が置かれている。

＊

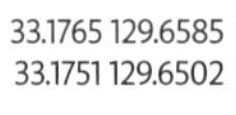
33.1765 129.6585
33.1751 129.6502

九州・沖縄

長崎県　海上自衛隊 大村（おおむら）航空基地

〒856-8585 長崎県大村市今津町10

海自	SH-60J 哨戒ヘリ	機番 8204※1
海自	SH-60J 哨戒ヘリ	機番 8256※2

※1 訓練機。消火訓練に使用（現状不明）。
※2 訓練機。

長崎空港から陸側に見える、海上自衛隊第22航空隊の基地。SH-60JおよびSH-60K哨戒ヘリを運用している。SH-60Jの訓練機がある。

32.9253 129.9314

長崎県　陸上自衛隊 大村（おおむら）駐屯地

〒856-8516 長崎県大村市西乾馬場町416

陸自	UH-1H 多用途ヘリ	機番 41724

大村航空基地の東にあり、第16普通科連隊などが駐屯する。史料館（鎮西精武館）近くにUH-1H、61式戦車、74式戦車が展示されている。公開行事の際に見ることができる。平日の駐屯地見学もできるのでウェブサイトで詳細を確認して、広報室に問い合わせてみよう。

32.9235 129.9524

長崎県　長崎（ながさき）地方協力本部

〒850-0862 長崎県長崎市出島町2-25

陸自	OH-6J 観測ヘリ	機番 31088

長崎の観光地、出島の近くの国道499号線沿いにあるOH-6J。機体は高さ3mほどの台座の上に展示されていて、いつでも見ることができる。雲仙普賢岳の災害派遣（1991～95年）で使われたとの説明があるが、展示された機体が実際に現地に投入されたのかどうかは未確認。

32.7413 129.8722

長崎県　島原（しまばら）復興アリーナ

〒855-0879 長崎県島原市平成町2-1　https://www.fukko-arena.jp/

陸自	V-107A 輸送ヘリ	機番 51817

雲仙普賢岳の噴火災害からの復興のシンボルとして水無川（みずなしがわ）河口近くに作られた多目的複合施設。その脇にV-107と60式装甲車が雲仙普賢岳に向かうようにして置かれている。V-107は500ガロン燃料タンクを機体両側に増設したタイプの機体だ。

32.7446 130.3762

長崎県　大平（おおひら）食品株式会社 漬物の里ふるさと館

〒 859-2112 長崎県南島原市布津町乙 2056-1

海自　SH-60J 哨戒ヘリ　　機番 8231

長崎県南島原市にある大平食品株式会社の直営売店「漬物の里ふるさと館」前に SH-60J が展示されている。本機の除籍は 2008 年 3 月で、翌年秋までにここに展示された。さらにその翌年 7 月頃までに、展示当初にはなかった AN/ASQ-81 磁気探知器が装着されたようだ。SH-60J は大湊、館山、小松島で展示機となっており、下総、大村やいくつかの艦艇で訓練用機として使われているが、民間施設に展示された機体は本機だけだ。

32.6983 130.3504

長崎県　航空自衛隊 福江島（ふくえじま）分屯基地

〒 853-0607 長崎県五島市三井楽町嶽 770-1

空自　F-1 支援戦闘機　　機番 10-8257※

※機体全体をブルーグレーに塗装。

長崎県五島列島の中で最も大きな福江島の北西部、京ノ岳山山頂付近にて第 15 警戒隊が東シナ海方面を監視している。敷地内に F-1 支援戦闘機があり、例年夏に行われる一般開放行事の際に見ることができる。

32.7598 128.6689

大分県　中津（なかつ）市 八面山（はちめんざん）平和公園

〒 871-0103 大分県中津市三光田口

空自　F-86F 戦闘機　　機番 92-7888

日米戦没者の慰霊と世界平和を祈念して 1970 年に整備された公園に F-86F がある。周囲はサクラの樹で囲われているので、開花シーズン中には良い写真が撮れることだろう。なお主翼取付部先端のコーン部分は両翼とも失われている。

33.5155 131.2150

大分県　宇佐（うさ）市平和資料館

〒 879-0455 大分県宇佐市閤 440-5

海軍　零式艦上戦闘機二一型　　機番 721-61※1
海軍　特殊攻撃機 桜花 一一型　　機番 I-18※1

※映画『永遠の 0』で使用。

宇佐海軍航空隊の歴史や宇佐から出撃した特攻隊、宇佐への空襲などを紹介するための資料館。特攻隊員の芳名帳や米軍機のガンカメラで撮影した空襲映像、映画『永遠の 0』撮影用に製作された零戦と桜花の実物大モデルを展示している。開館時間は 9:00 ～ 17:00。入館無料、毎週火曜日（祝日の場合は翌日）と 12 月 29 日～ 1 月 3 日が休み。

大分県　陸上自衛隊 玖珠（くす）駐屯地

〒879-4403 大分県玖珠郡玖珠町帆足 2494

陸自	UH-1H 多用途ヘリ	機番 41729※

※訓練機。

西部方面戦車隊などが駐屯する。グランドに UH-1H があり、公開行事の際に見ることができる。航空機よりも M4 シャーマン中戦車と M24 軽戦車が展示されていることで知られている。

33.2914 131.1473 

大分県　複合博物館 岩下（いわした）コレクション

〒879-5114 大分県由布市湯布院町川北 645-6　0977-28-8900　https://iwashitacollection.jp/

空自	F-86F 戦闘機	機番 92-7905

モーターサイクルや昭和の大衆文化を鑑賞できる博物館。昭和レトロ館内に F-86F の胴体が置かれており、館内に収めるために主翼は取り外されている。その他にも、旧軍による大型グライダーの図面など航空関係の所蔵品がいくつかある。開館時間は 9:00 ～ 17:00、休館日無し。

33.2644 131.3411 

大分県　陸上自衛隊 別府（べっぷ）駐屯地

〒874-0849 大分県別府市鶴見 4548-143

陸自	UH-1B 多用途ヘリ	機番 41503※
陸自	UH-1H 多用途ヘリ	機番 41657
陸自	V-107A 輸送ヘリ	機番 51805

※UH-1H に置き換えられている可能性あり。

33.2963 131.4576
33.2968 131.4571 

第 41 普通科連隊などが駐屯する。正門近くに 74 式戦車と 60 式 106 ミリ自走無反動砲がある。敷地内には UH-1H と V-107 が展示されているが、公開行事の際でも公開されないエリアにあるようだ。

大分県　日本文理（にっぽんぶんり）大学

〒870-0397 大分県大分市一木 1727　https://www.nbu.ac.jp/

空自	F-104J 戦闘機	機番 46-8567※
空自	F-86F 戦闘機	機番 62-7437※
陸自	OH-6J 観測ヘリ	機番 31103※
海自	SNJ-6 練習機	機番 6182※

※いずれも教材機。

33.2317 131.7222 

工学部航空宇宙工学科があり、格納庫内に F-86F、F-104J、OH-6J などが教材として存在する。一部は学園祭の時に公開される。

大分県　リサイクルショップ 山口（やまぐち）商会

〒878-0023 大分県竹田市君ケ園 372

海自	KM-2 練習機	機番 6253※

※機体は白色に塗られている。

32.9526 131.3660 

JR 豊肥本線「玉来」駅近くの国道 57 線沿いにある中古農器具・機械等の販売店。白色に塗られた KM-2 がアイキャッチャーとして置かれている。以前に海上自衛隊佐伯（さえき）分遣隊で展示されていた機体を入手したようだ。

鹿屋の史料館と特攻隊の出撃地

九州南部エリア

所蔵者／施設：19　保存／展示機：53

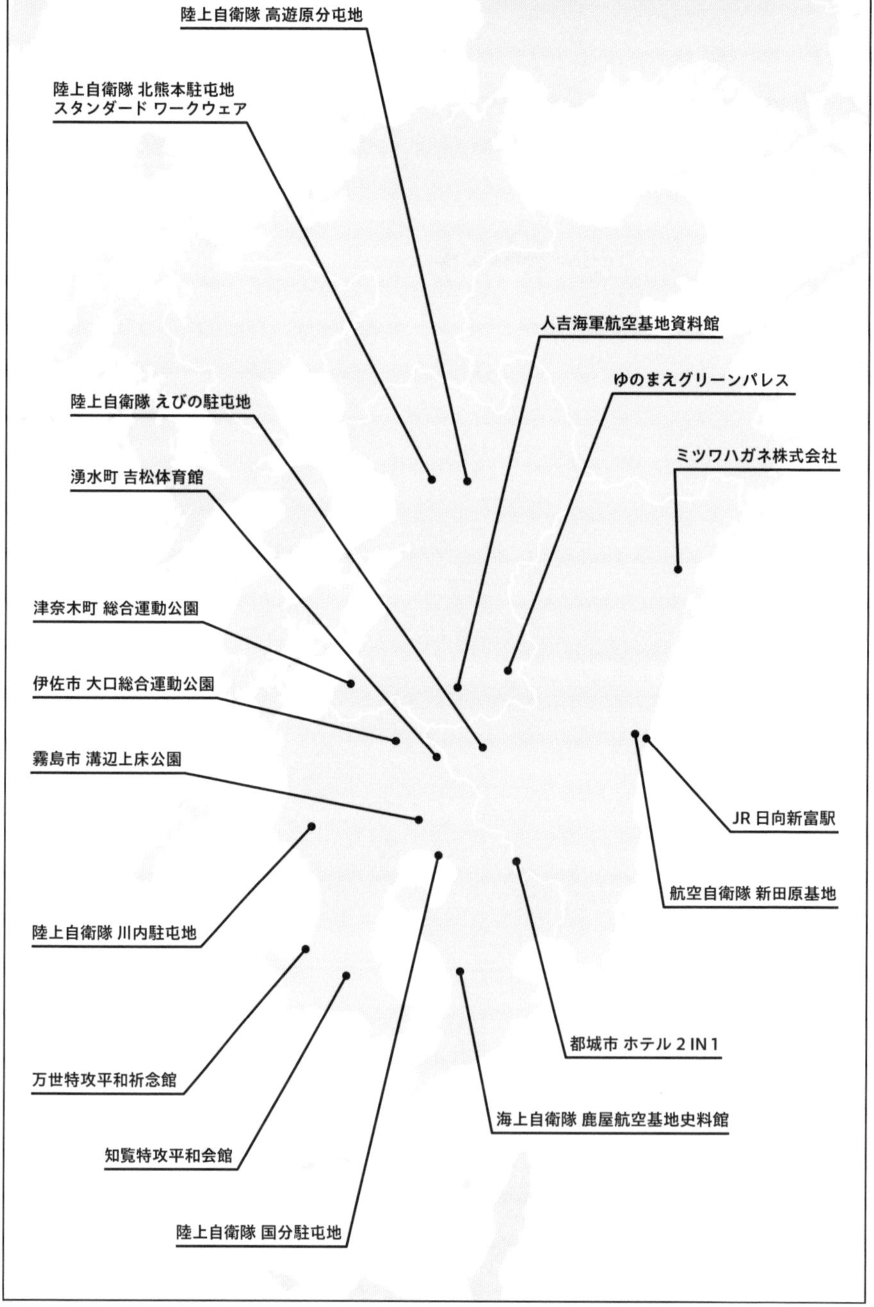

陸上自衛隊 高遊原分屯地

陸上自衛隊 北熊本駐屯地
スタンダード ワークウェア

人吉海軍航空基地資料館

ゆのまえグリーンパレス

陸上自衛隊 えびの駐屯地

ミツワハガネ株式会社

湧水町 吉松体育館

津奈木町 総合運動公園

伊佐市 大口総合運動公園

霧島市 溝辺上床公園

JR 日向新富駅

航空自衛隊 新田原基地

陸上自衛隊 川内駐屯地

都城市 ホテル 2 IN 1

万世特攻平和祈念館

海上自衛隊 鹿屋航空基地史料館

知覧特攻平和会館

陸上自衛隊 国分駐屯地

熊本県　陸上自衛隊 北熊本（きたくまもと）駐屯地

〒 861-8064 熊本県熊本市北区八景水谷 2-17-1

陸自	LR-1 連絡偵察機📷	機番 22013
陸自	OH-6D 観測ヘリ📷	機番 31132
陸自	UH-1H 多用途ヘリ	機番 41646
陸自	UH-1H 多用途ヘリ	機番 41678 ※

※ 訓練機。

32.8421 130.7325
32.8452 130.7371
32.8463 130.7401

第 8 師団司令部などが駐屯する。南門奥に LR-1、東門奥に OH-6D と UH-1H、第二訓練場の隅に UH-1H がある。東門近くに置かれた 2 機はもともと LR-1 と共に展示されていたが、展示場周辺の工事に伴い移設されたものだ。工事次第では LR-1 も移転されたり、見られなくなることも考えられる。

熊本県　スタンダード ワークウェア

〒 860-0085 熊本県熊本市北区高平 1-32-4

空自	F-86F 戦闘機	機番 02-7968 ※

※ 米軍迷彩塗装。

熊本県熊本市北区の県道 303 号線沿いにある衣料品店。その車庫兼倉庫に迷彩塗装の F-86F が収められている。お店に一声かけて見学させてもらおう。この F-86F は 1983 年から 1987 年頃には熊本市南区のレストランにブルーインパルス塗装で展示されていたもの。その後は現オーナーが所有しているが、2013 年までの店舗は 1km ほど離れた場所にあった。

32.8337 130.7099

熊本県　陸上自衛隊 高遊原（たかゆうばる）分屯地

〒 861-2204 熊本県上益城郡益城町大字小谷 1812

陸自	OH-6D 観測ヘリ	機番 31247 ※

※ 教材機。

32.8328 130.8538

熊本空港内にあり、西部方面航空隊や第 8 飛行隊などが駐屯する南九州における陸自の空の拠点。民間イベントでの展示記録から、西部方面航空野整備隊保有が教材機の OH-6D を保有している模様。

熊本県　錦（にしき）町立人吉（ひとよし）海軍航空基地資料館

〒 868-0301 熊本県球磨郡錦町木上西 2-107　0966-28-8080　https://132base.jp/

海軍	九三式中間練習機練習機	機番なし

2018 年に「山の中の海軍の町にしき ひみつ基地ミュージアム」という愛称で、人吉海軍航空基地の跡地にオープンした町立資料館。九三中練「赤とんぼ」の実物大模型のほか、艦上攻撃機「流星」の風防（実物）が展示されている。地下作戦室・無線室、庁舎居住地区などの見学もできる。開館時間は 9:00 ～ 16:00（7･8 月は 17:00 まで）。年末年始休み。

九州・沖縄

熊本県　津奈木町（つなぎまち）総合運動公園

〒869-5604 熊本県葦北郡津奈木町小津奈木 2114-10

空自　T-33A 練習機	機番 71-5315

九州新幹線新「水俣」駅の北北東約 3km、津奈木町役場に隣接する総合運動公園に T-33A がある。1992 年 11 月に設置された時は銀地塗装であったが、2004 年までに那覇基地所属機同様の防塩用のガルグレイ塗装となった。24 時間 365 日いつでも撮影できる。

32.2331 130.4384

熊本県　ゆのまえグリーンパレス

〒868-0624 熊本県球磨郡湯前町中猪 1588-1　0966-43-4545

空自　T-33A 練習機	機番 61-5229

温泉施設を併設したキャンプ場に T-33A が置かれている。垂直尾翼には 2000 年 10 月に新田原基地で閉隊した第 202 飛行隊のハニワのマークが描かれている。

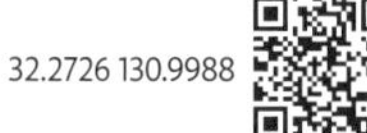
32.2726 130.9988

宮崎県　ミツワハガネ株式会社

〒882-0071 宮崎県延岡市天下町 1213-622

空自　F-104J 戦闘機	機番 36-8538 ※1
空自　T-33A 練習機	91-5406 ※2

※1 機首のみ。
※2 垂直尾翼のみ。

32.5734 131.6172

東九州自動車道の延岡ジャンクション近くにある、航空機部品を含む製造部品加工業者。かつては新田原基地の航空参考館にあった F-104J の機首と第 202 飛行隊の“ハニワ”マークを付けた T-33A の垂直尾翼が工場内に置かれている。

宮崎県　都城（みやこのじょう）市 ホテル 2 IN 1（ツーインワン）

〒885-0084 宮崎県都城市五十町 4544-5

空自　T-6G 練習機	機番 52-0118

宮崎県都城市の県道 10 号線沿いにある宿泊施設。その入口に機体全体を赤く塗った T-6G がアイキャッチャーとして置かれている。

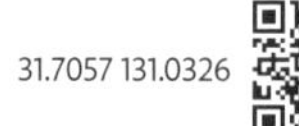
31.7057 131.0326

九州・沖縄

宮崎県　航空自衛隊 新田原（にゅうたばる）基地

〒 889-1492 宮崎県児湯郡新富町新田 19581

空自	F-4EJ 改 戦闘機	機番 57-8360
空自	T-6G 練習機	機番 72-0169
空自	T-33A 練習機	機番 91-5410 ※1
空自	F-104J 戦闘機	機番 36-8535 ※2
空自	MU-2S 救難機	機番 63-3228
空自	T-2 練習機	機番 69-5127 ※3
空自	V-107A 救難ヘリ	機番 04-4852
空自	F-4EJ 改 戦闘機	機番 27-8305 ※4
空自	F-86D 戦闘機	機番 04-8187 ※5

※1 国産 T-33A の最終号機。
※2 実際の機番は 46-8656。
※3 T-2 最終号機で、実際の機番は 89-5196。アグレッサー塗装とし、69-5127 と記入。
※4 垂直尾翼モニュメント。2022 年春頃に移設され、移設先不明。
※5 以前は展示機。

32.0878 131.4591
32.0844 131.4357

九州に 2 つある戦闘機基地の 1 つで、第 5 航空団および教育航空隊の F-15 戦闘機と T-4 練習機、航空救難団の U-125A、UH-60J が配備されている。例年 11 月下旬から 12 月上旬頃に航空祭が行われており、その際に基地正門奥に置かれた F-4EJ 改、T-6G、T-33A、F-104J、MU-2S、T-2、V-107 の 7 機を見ることができる。

宮崎県　JR 日向新富（ひゅうがしんとみ）駅

〒 889-1402 宮崎県児湯郡新富町三納代

空自	T-33A 練習機	機番 81-5362

JR 日豊本線「日向新富」駅の脇にある小さな公園に T-33A が置かれている。周囲の柵と植樹が機体に近いため、スッキリとした機体の写真は撮りづらいが、いつでも見ることができる。

宮崎県　陸上自衛隊 えびの駐屯地

〒 889-4314 宮崎県えびの市大河平 4455-1

陸自	OH-6J 観測ヘリ	機番なし
陸自	UH-1H 多用途ヘリ	機番なし

※機番は消されているが、OH-6J は 31091 号機、UH-1H は 41628 号機。

第 24 普通科連隊などが駐屯する。正門脇のグランド端に OH-6J、UH-1H、61 式戦車、74 式戦車などが展示されており、公開行事の際に見ることができる。

九州・沖縄

鹿児島県　湧水（ゆうすい）町 吉松（よしまつ）体育館

〒899-6102 鹿児島県始良郡湧水町中津川 607

陸自	OH-6D 観測ヘリ	機番 31214※

※テイルブームは別の機体のもの（機番不明）。

町営体育館の敷地に OH-6D が置かれている。何の変哲も無い機体だがテイルブーム接合部の数字の書体に微妙なズレがあるため、他の機体から移設されたものと思われる。元の機体の番号は判明していない。

32.0145 130.7460 

鹿児島県　伊佐（いさ）市 大口（おおくち）総合公園

〒895-2521 鹿児島県伊佐市大口鳥巣

空自	T-33A 練習機	機番 71-5244

総合運動場の一角に 1996 年頃から T-33A が置かれている。第 301 飛行隊のカエルマークを尾翼につけており、マフラーに描かれた星の数は 5 つで新田原基地第 5 航空団時代のものを反映している。

32.0580 130.5988 

鹿児島県　霧島（きりしま）市 上床（うわとこ）運動公園

〒899-6404 鹿児島県霧島市溝辺町麓 3391

空自	T-34A 練習機	機番 61-0389

鹿児島空港の北西約 4kmの高台にある空港を見渡すことのできる公園。園内の溝辺（みぞべ）コミニュティセンターの脇に、銀色に塗られた T-34A が機首を南東に向けて展示されている。近くには揚収された零戦のプロペラが置かれている。

31.8247 130.6860 

鹿児島県　陸上自衛隊 国分（こくぶ）駐屯地

〒899-4392 鹿児島県霧島市国分福島 2-4-14

陸自	OH-6D 観測ヘリ📷	機番 31246※1
陸自	UH-1H 多用途ヘリ	機番 41652
陸自	V-107 輸送ヘリ📷	機番 51711

※1 テイルブームは 31224 号機のもの。

第 12 普通科連隊などが駐屯する南九州地区の防衛の要衝。正門近くに UH-1H、OH-6D、V-107 の 3 機のヘリコプターが置かれており、公開行事の際に見ることができる。

31.7240 130.7542 

*

九州・沖縄

鹿児島県　陸上自衛隊 川内（せんだい）駐屯地

〒895-0053 鹿児島県薩摩川内市冷水町 539-2

陸自	UH-1B 多用途ヘリ	機番 41576※

※メインローター / テイルローター無し。

31.8061 130.3020

第 8 施設大隊などが駐屯する。2012 年頃から敷地内東南部にローターの無い UH-1 が訓練機として置かれているが、公開行事の際でも見ることはできない。

鹿児島県　知覧（ちらん）特攻平和会館

〒897-0302 鹿児島県南九州市知覧町郡 17881　0993-83-2525　https://www.chiran-tokkou.jp/

陸軍	四式戦闘機 疾風 一型甲	機番※1
海軍	零式艦上戦闘機 五二型丙	機番※2
空自	T-3 練習機	機番 81-5502※3

※1 中島飛行機製の実機（1446 号機）。日本航空協会の認定する重要航空遺産。
※2 中島飛行機製の実機（62343 号機）。元の機体番号は“ヨ D-127”。
※3 銀塗装。

31.3627 130.4343

太平洋戦争末期、知覧には特攻隊の出撃基地があった。特攻隊員の遺品や関係資料を後世に残し、平和を祈念することを目的に建てられた博物館。屋外の T-3 と揚収されたゼロ戦は撮影できる。重要航空遺産の「疾風」や遺品などの展示物は撮影不可なので注意する。開館時間は 9:00 ～ 17:00（入館は 16:30 まで）、無休。

写真提供：知覧特攻平和会館

鹿児島県　南さつま市 万世（ばんせい）特攻平和祈念館

〒897-1123 鹿児島県南さつま市加世田高橋 1955-3　0993-52-3979

海軍	零式水上偵察機	機番なし※

※実機。オリジナルの機番は「九飛 41116 号」。

戦争末期に造営された陸軍最後の特攻基地、万世（ばんせい）飛行場の跡地に建てられた平和祈念館。吹上浜沖から揚収された零式水偵が展示されている。また特攻隊員たちが残したメッセージや遺品等が多数展示されている。開館時間は 9:00 ～ 17:00（入館 16:30 まで）、年末年始は休館。

写真提供：南さつま市観光交流課

鹿児島県 海上自衛隊 鹿屋（かのや）航空基地 史料館

〒893-8510 鹿児島県鹿屋市西原 3-11-2　0994-42-0233

海軍	二式大型飛行艇 輸送機	機番 T-31 ※1
海自	B-65 練習機	機番 6714
海自	Bell 47G-2A 練習ヘリ	機番 8753
海自	HSS-2A 対潜ヘリ	機番 8074 ※2
海自	JRB-4 練習機	機番 6434
海自	KM-2 練習機	機番 6263
海自	OH-6J 観測ヘリ	機番 8763 ※3
海自	P-2J 対潜哨戒機	機番 4770 ※4
海自	P-2J 対潜哨戒機	機番 4771
海自	P-2J 対潜哨戒機	機番 4783 ※5
海自	P2V-7 対潜哨戒機	機番 4618 ※6
海自	R4D-6Q 輸送機	機番 9023 ※6
海自	S-61AH 救難ヘリ	機番 8941 ※7
海自	S2F-1 哨戒機	機番 4131
海自	T-34A 練習機	機番 9006
海自	US-1A 救難飛行艇	機番 9076
海自	V-107A 掃海ヘリ	機番 8608
海軍	零式艦上戦闘機五二型	機番 ※8

※1 川西航空機製の実機（426 号機）。アメリカ軍が接収し、各種試験の後、1979 年に返還。
※2 海自唯一の HSS-2A。
※3 海自唯一の OH-6J。
※4 機首のみ。
※5 P-2J の最終号機。
※6 国内に遺る唯一の機体。
※7 機体前方部分を屋内展示。
※8 三菱二一型と中島五二型丙（中島飛行機製 22383 号機）をベースにした復元機。五二丙の計器板等は報国 515 資料館蔵。

鹿屋航空基地のゲート脇にある展示資料館。屋外にはアメリカから返還された二式大艇をはじめ、海上自衛隊で運用してきた対潜哨戒機やヘリコプターなど 15 機が置かれている。国内唯一の展示機が多いのが特徴。館内には付近の海底から揚収された 2 機の零戦を組み合わせて五二型として復元した機体や特攻関連史料があり、対潜哨戒業務に関する展示がある。開館時間は 9:00 ～ 17:00（入館は 16:30 まで）、休館は年末年始。

31.3813 130.8373

上：HSS-2A
下：二式飛行艇

九州・沖縄

上段左：OH-6J
中上段左：S2F-1
中上段右：P2V-7
中下段左：ベル 47G と V-107
中下段右：R4D-6Q
下段左：US-1A
下段右：S-61AH

九州・沖縄

ゆいレールから見える那覇の展示機

沖縄エリア

所蔵者／施設：3　保存／展示機：13

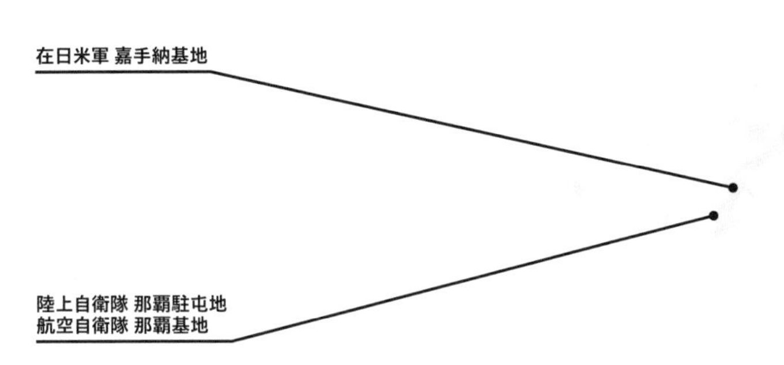

沖縄県　陸上自衛隊 那覇（なは）駐屯地

〒901-0192 沖縄県那覇市鏡水 679

陸自　LR-1 連絡偵察機　　機番 22019※

※実際の機番は 22016。

那覇空港に隣接し、第 15 旅団司令部などが駐屯する。正門脇のLR-1、正門近くの 74 式戦車と 90 式戦車は、公開行事の際に見られる。広報資料館「鎮守の森」は事前予約調整のうえエスコート付きで見学できる。かつて那覇駐屯地では LR-1 の 22005 号機が展示されていたが、傷みが進み、22016 号機に交換した。その際、永らく那覇で使用していた 22019 の機番に書き換えたという話がある。

26.2054 127.6627

九州・沖縄

沖縄県　航空自衛隊 那覇（なは）基地

〒901-0194 沖縄県那覇市当間 301

空自	B-65 連絡機	機番 03-3095 ※1
空自	F-104J 戦闘機	機番 76-8688 ※2
空自	F-4EJ 改 戦闘機	機番 37-8321
空自	T-33A 練習機	機番 81-5327
空自	F-15J 戦闘機	機番 72-8879 ※3

※1 元海上自衛隊の 6728。
※2 後部胴体は 76-8683。
※3 2011 年 7 月 5 日に墜落（操縦者は殉職）した機体の垂直尾翼モニュメント。

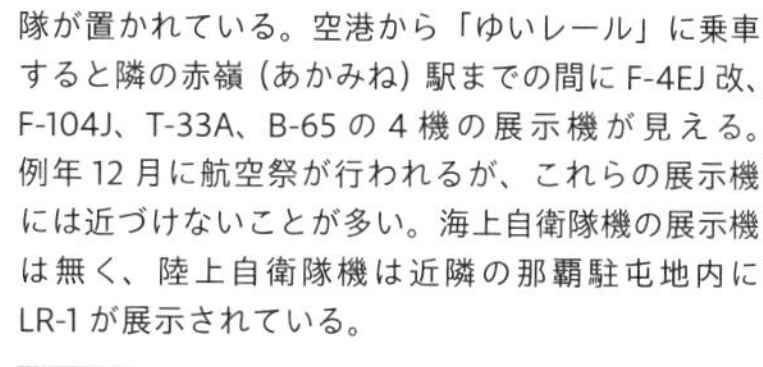

那覇空港に隣接して、陸・海・空自衛隊の航空部隊が置かれている。空港から「ゆいレール」に乗車すると隣の赤嶺（あかみね）駅までの間に F-4EJ 改、F-104J、T-33A、B-65 の 4 機の展示機が見える。例年 12 月に航空祭が行われるが、これらの展示機には近づけないことが多い。海上自衛隊機の展示機は無く、陸上自衛隊機は近隣の那覇駐屯地内に LR-1 が展示されている。

26.1975 127.6595
26.1950 127.6518

沖縄県　在日アメリカ軍 嘉手納（かでな）基地

〒904-0200 沖縄県中頭郡嘉手納町東

米空軍	CT-39A 連絡機	機番 62-4484
米空軍	F-100A 戦闘機📷	機番 52-5756
米空軍	F-105F 戦闘機	機番 62-4418
米空軍	F-15A 戦闘機	機番 74-0088
米空軍	F-4C 戦闘機📷	機番 63-7433 ※1
空自	RF-86F 偵察機	機番 52-4341 ※2
空自	T-33A 練習機	機番 53-5612 ※3

※1 "37433" と記入されているが、実際の機番は 64-0913。
※2 実際の機番は不明。元 韓国空軍 RF-86F との説もある。
※3 米軍機塗装。

極東最大の米空軍基地。第 1 ゲート奥に F-100A や F-105F など他では見ることができない機体を含む 7 機が展示されたエリアがある。1980 ～ 90 年代に何度か一般公開されたことがあるが、近年は公開日であっても近づくことすらできない。展示機の一部は元航空自衛隊機。

26.3325 127.7574

写真 3 枚：アメリカ空軍

九州・沖縄

Column 8 飛べない民間機はどこに？

本書ではほとんど取り扱わないと最初にことわっておいた、民間機や防衛以外の官用機の展示機について、ほ～んの少しだけ触れておこう。

本書で民間機や防災機、警察機を取り扱わないのは、網羅的なデータが手もとにないのが理由である。編集方針に従えば「そういうヒコーキは航空博物館にありますよ」ということになるが、《飛べない民間機》などをメインにした展示施設も存在するので、主なものをご紹介しておこう。

写真はすべて、航空科学博物館の展示機。上から順に、上：YS-11 旅客機の試作初号機（JA8611）と FA-300 ビジネス機のモデル 700 試作 1 号機（JA5258） 中：ボーイング 747 旅客機の機首（セクション 41） 下：元東京消防庁の SA330 ピューマ（手前、JA9512）と元朝日新聞社セスナ 195「朝風」（JA3007）、空には成田空港にアプローチする FedEX 社の貨物機 写真 3 枚：山本晋介

その筆頭と言えるのが、千葉県の成田空港に隣接する「航空科学博物館」である。1989 年に開館した、日本で最初の航空博物館だ。展示は民間機が主体で、軍用機単体の展示はない。

屋外展示場には、YS-11 旅客機の試作 1 号機をはじめ、ビジネス機のリアジェット、スポーツ機のボナンザ、各種ヘリコプターなど 19 機が展示され、屋内には機体パーツや実物大模型などの展示物、体験型の航空アミューズメント装置が多数ある。

開館時間は 10:00 ～ 17:00、休館日は月曜日（祝日の場合は翌日）と 12 月 29 ～ 31 日。空港からバスで行けるが便数は少なく、博物館からやや離れたバス停に停車する便が多い。発車時刻と乗降場所は事前によく調べておこう。

もうひとつ紹介しておきたいのが、中部国際空港セントレアにある「フライト・オブ・ドリームズ」だ。第 2 ターミナルに隣接する複合商業施設で、この 1 階にボーイング 787 の初号機が展示されている。こちらは開館時間 10:00 ～ 17:00 で、年中無休。

この他には、消防ヘリを東京・新宿区の「消防博物館」で見ることができる。真っ赤な SA316B アルウェット III が 2 機と SA365N ドーファン 1 機が展示されている。

（文：編集部）

第4部

保存機･展示機のみどころ

見れば見るほど、見えてくる。
もの言わぬヒコーキたちの面白さ。

発見に満ちた、飛べないヒコーキ・ワールド

地上に置かれた飛行機と対面したとき、何を見れば面白いのか。航空工学を勉強しないとわからないところは置いておいて、ここでは自衛隊機を念頭に、目で見て楽しめる面白さを紹介していこう。

1 まずはよ～く見てみよう
発見は念入りな観察からはじまる

細部をじっくり見られるのが、展示機の利点の一つだ。機体全体をいろんなアングルから眺め、いろいろな部分に近付いてみてみよう。展示機が遠ければ、クローズアップ撮影すればいい。任務に応じた特殊な装備や構造がわかっておもしろい。

コクピットや機内が開放されていればなおよい。古い機体の計器盤は、最近のグラスコクピットとは違い、アナログなメーターがずらりと並ぶデザインに圧倒される。エンジンも展示されていれば、複雑につながるパイプや配線が興味深い。所沢航空発祥記念館や浜松エアーパークでは、天井から吊るした機体もある。飛行機の下面をじっくり見るのもおもしろい。ブルーインパルスの使用機ならエンジン排気口近くのスモークノズルも要チェックだ。

展示機の C-46 輸送機。ぐっと近付いて真後ろから撮影すると、水平尾翼をつなぐ補強板のらしき板や、後部胴体表面の前後に走るチューブ状のパーツを発見。なんだこれ ?? 写真：鈴崎利治

吊り下げ展示の HU-1B を見上げる。腹の下には、ライト、カーゴフック、アンテナ、日の丸などが付いていた。2 つある□は電波高度計 写真：鈴崎利治

T-6 テキサン練習機のコクピットを覗き込む。真っ暗なディスプレイが並ぶ最近の機体の計器盤に比べると、丸型計器は懐かしい趣を感じさせる 写真：鈴崎利治

2 部隊マークを見てみよう
今は消えた飛行隊の痕跡があるかも

自衛隊機には部隊のマークや記号が描かれていることが多い。旧軍機でも、残っているものはある。

部隊マークは、現役時代を垣間見るための手がかりだ。中には廃止された部隊やマークのデザインが変わったものもあり、部隊の変遷を調べてみるのもいい。その基地で活動する部隊のマークに自由に描き変えられているケースもしばしばある。

陸自のヘリは、用廃手続きのタイミングからか、九州で北海道の部隊マークの機体が展示されていたりと、展示場所と部隊マークが関係ないこともある。

築城基地の広場に展示されていたF-86F（92-7938）の垂直尾翼に注目。左右に描かれた色違いのマーキングは、赤い方が第6飛行隊、青いほうが第10飛行隊の部隊マークだ。両部隊は1964年10月から築城基地に配置され、共に西方の空を守った飛行隊である　写真：山本晋介

3 塗装の違いもおもしろい
昔はその色が普通だったのか～

古い機体を見ると、現用機と塗装が違っているのに気づくことがある。

戦闘機はライトグレーの雲に溶け込む迷彩ではなく、銀色のメタリックな塗装だった。カッコいい。救難機は藍色の洋上迷彩でなく、黄色の目立つ塗装だった。陸自のヘリコプターは迷彩塗装でなく、単色のオリーブドラブ（濃緑）だった時代がある。

その当時の戦術や時代背景で塗装が変化しているのはおもしろい。

左の写真は50年前まで使用された空自救難ヘリH-19C。こんなによく目立つ色をしていた。上の写真は現在の空自救難ヘリUH-60J。日本を囲む海の上での要救助者救助を想定した色だ　写真：山本晋介、編集部

4 機体番号をチェック
その機体の正体を知る手がかり

機体番号はその機体固有の番号で、簡単には変わることがない。その機体の経歴を調べる手がかりになる。

古い機体だと経歴を調べるのは難しいが、本やネットを丹念に調べればある程度は見えてくる。現役時代にイベントや基地外周で撮影したことがある機体だと、愛着がわいてくるのは筆者だけではないだろう。

中には機体番号が書きかえられていたり、別々の機体とつなぎ合わせて再生されていることもあり、オリジナルの機体番号がわからない機体もある。コクピットや銘板が見えればオリジナルの機体番号の手がかりになる。

ちなみに防衛省には「航空機来歴簿」という１機１機の経歴書があるそうだが、残念ながら公開されてはいない。

オールドカーセンター・クダンにあるF-104DJ。機首と尾翼の機番をみてみると「26-5001」。これは複座型練習機F-104DJの初号機だ　写真：山本晋介

桐生が丘公園のOH-6D観測ヘリ。機番の下３桁は195と218。１機の機体に２つの番号があるということは、つなぎ合わせたということだ　写真：山本晋介

5 出会いは一期一会
世の中に１機しか残っていないものも

古い展示機は破損や安全管理・費用等の理由で解体・撤去されるケースが増えている。国内にわずかしか残っていないレアな機体といえども、条件が揃えばあっさり解体・撤去される。貴重な歴史遺産とも言えるレア機体が無くなってしまうのは残念だが、管理側の費用や手間等を考えるとしかたないのかもしれない。

ファンとしてできるのは、展示機体を記録し、その維持・保存の希望をいろいろな手段で管理側にアピールすることくらいだろう。「次に来た時は無くなってるかもしれない」と思い、用廃機も現用機も一期一会の気持ちで撮影しておこう。

「国内に残る唯一の機体」の一例、鹿屋航空基地史料館にある、R4D-Q6電子戦訓練機（手前）とP2V-7対潜哨戒機（奥）　写真：山本晋介

第5部

現存する旧軍機・自衛隊機

もっと種類があったはずの旧日本軍
現存機数をみて驚くのは自衛隊機

側面図とセットで知る その旧軍機はどこにあるのか

実機または復元機のかたちで日本に現存する旧軍機を、側面図にして全て集めてみた。スペースの関係で、掲載できたデータは最低限の［使用年間、生産機数、現存機数、所蔵場所］となってしまったが、データ置き場として参照しつつ、書き込みつつ、使ってほしい。

1 旧日本軍機

戦前の日本は航空技術において世界水準にあったという。先の大戦には5万機余りを投入し、終戦時にも1万機以上を保有していた。しかし､現在国内に遺っているのはほんの30機程度。連合軍がすべて処分または接収したからである。いま我々の前に姿を見せてくれる旧軍機は、連合国軍に接収された戦利品が里帰りしたものか、残骸を回収して修復したものたちである。

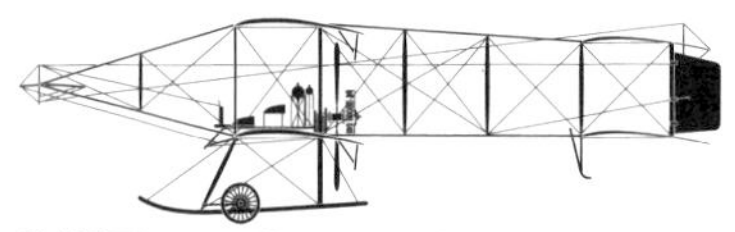

①陸軍 アンリ・ファルマン

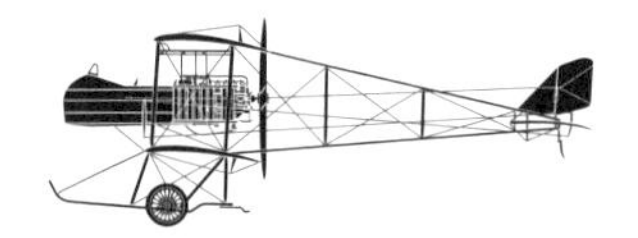

②陸軍 モ式六型

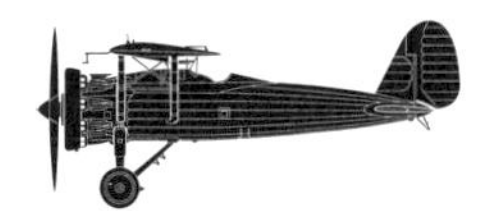

③陸軍 九一式戦闘機

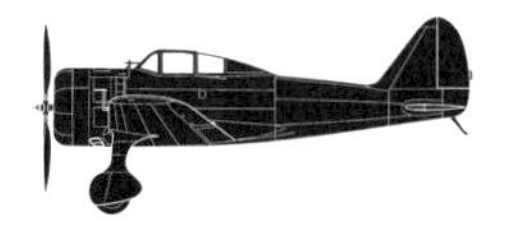

④陸軍 九七式戦闘機

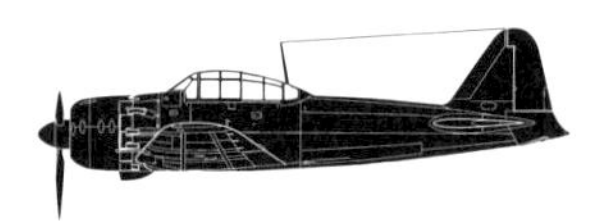

⑤海軍 零式艦上戦闘機

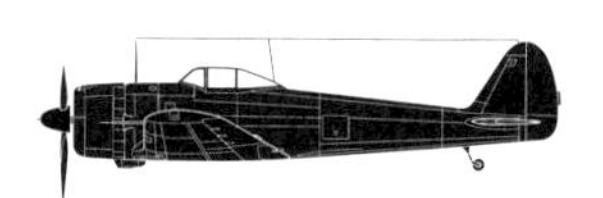

⑥陸軍 一式戦闘機「隼」

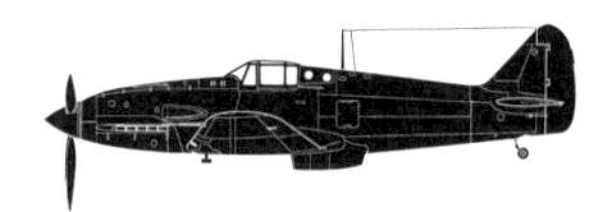

⑦陸軍 三式戦闘機「飛燕」

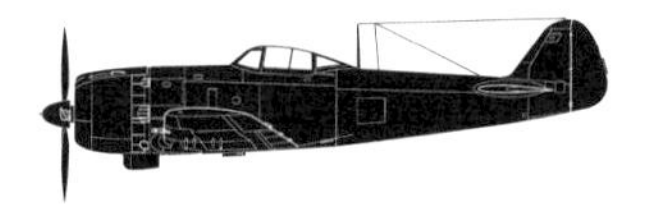

⑧陸軍 四式戦闘機「疾風」

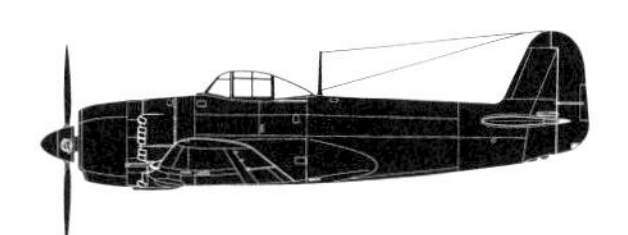

⑨海軍 局地戦闘機「紫電改」

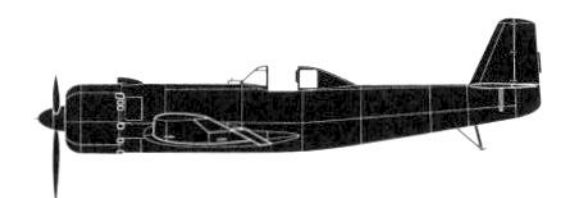

⑩陸軍 特別攻撃機「剣」

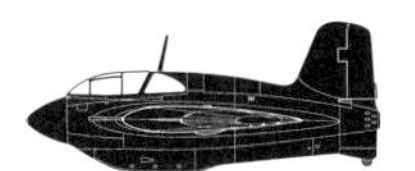

⑪陸・海軍 試製「秋水」

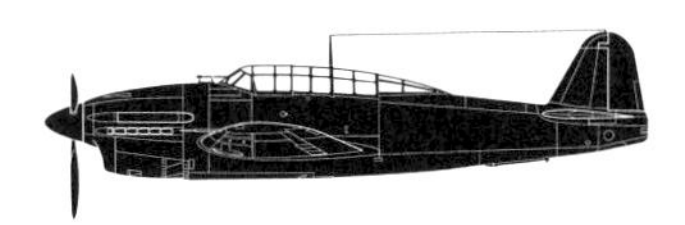

⑫海軍 艦上爆撃機「彗星」

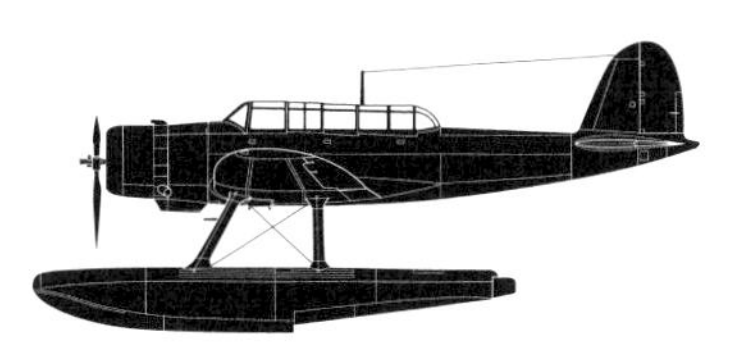

⑬海軍 零式水上偵察機

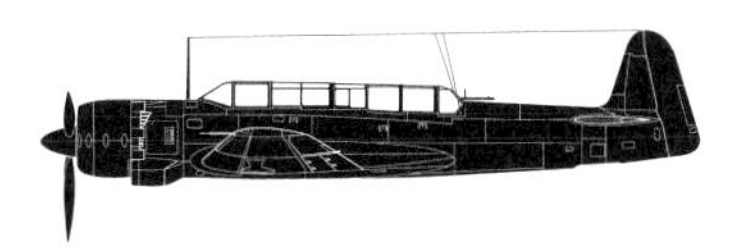

⑭海軍 艦上偵察機「彩雲」

【凡例】
開発社と機種名［試作番号または略符号］
所属した軍／導入年／導入・製造機数／
現存機数
- 所蔵者・所蔵場所

①アンリ・ファルマン
陸軍／1910年／4機輸入／1機
- 入間基地 修武台記念館

②モーリス・ファルマン　モ式六型
陸軍／1912年頃／26機を国産／1機
- 国立科学博物館 筑波地区収蔵庫

③中島　九一式戦闘機［NC］
陸軍／1928年／444機？／1機
- 所沢航空発祥記念館［二型］

④中島　九七式戦闘機［キ27］
陸軍／1936年／3,386機／1機
- 大刀洗平和記念館

⑤三菱　零式艦上戦闘機［A6M］
海軍／1940年／約10,430機／12機
- 科博廣澤航空博物館［二一型］
- 報国515資料館［二一型］
- 靖国神社遊就館［五二型］
- 河口湖自動車博物館［二一型：2機］
- 河口湖自動車博物館［五二型：1機］
- 浜松広報館エアーパーク［五二型］
- 三菱重工 大江時計台航空史料室［五二型］
- 大和ミュージアム［六二型］
- 大刀洗平和記念館［三二型］
- 知覧特攻平和会館［五二型］
- 鹿屋航空基地史料館［五二型］

⑥中島　一式戦闘機「隼」［キ43］
陸軍／1938年／5,751機／2機
- 河口湖自動車博物館［一型］
- 河口湖自動車博物館［二型］

⑦川崎　三式戦闘機「飛燕」［キ61］
陸軍／1941年／3,159機／2機
- 岐阜かかみがはら航空宇宙博物館［二型］
- ドレミコレクション［一型］

⑧中島　四式戦闘機「疾風［キ84］
陸軍／1943年／約3,500機／1機
- 知覧特攻平和会館［一型甲］

⑨川西　局地戦闘機「紫電改」［N1K2-J］
海軍／1942年／約450機／1機
- 紫電改展示館

⑩中島　特殊攻撃機「剣」［キ115］
陸軍／1945年／115機？／1機
- 国立科学博物館 筑波研究施設（胴体、主翼）
- 科博廣澤博物館（エンジン）

⑪三菱　試製「秋水」［J8M/キ200］
海軍／1944年／5機
- 三菱重工 大江時計台航空史料室／1機

⑫航空廠 艦上爆撃機「彗星」［D4Y］
海軍／1940年／約2,160機／1機
- 靖国神社 遊就館［一一型］

⑬愛知　零式水上偵察機［E13A］
海軍／1939年／1,423機／2機
- 芙蓉博物館
- 万世特攻平和祈念館

⑭中島　艦上偵察機「彩雲」［C6N］
海軍／1943年／398機以上／1機
- 河口湖自動車博物館

1 旧日本軍機

⑮立川　一式双発高等練習機［キ 54］
陸軍／1940 年／1,342 機／1 機
- 立飛ホールディングス

⑯三菱　一式陸上攻撃機［G4M］
海軍／1939 年／2,400 機余／1 機
- 河口湖自動車博物館［二二型］

⑰空技廠　特別攻撃機「桜花」［MXY7］
海軍／1944 年／約 850 機／1 機
- 航空自衛隊 入間基地 修武台記念館

⑱川西　二式飛行艇［H8K］
海軍／1940 年／167 機／1 機
- 海上自衛隊 鹿屋航空基地史料館

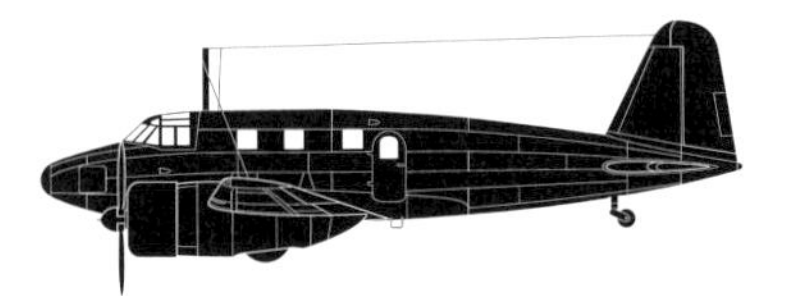

⑮陸軍 一式双発高等練習機

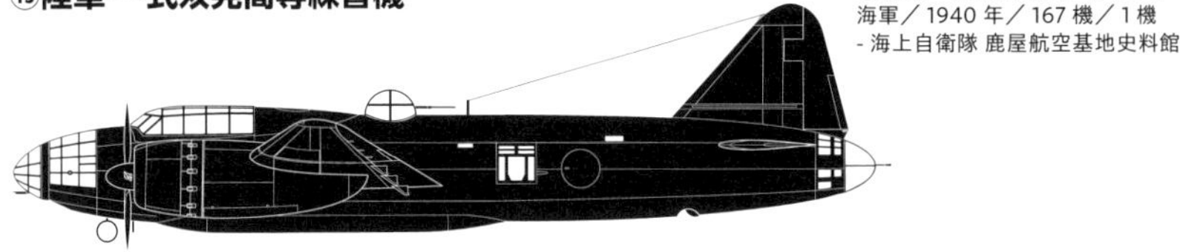

⑯海軍 一式陸上攻撃機

⑰海軍 特攻機「桜花」

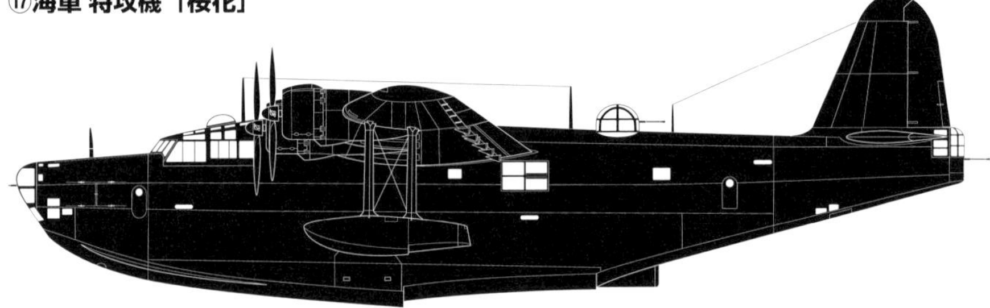

⑱海軍 二式飛行艇

■レプリカまたは実物大模型の展示機一覧

●臨時軍用機旧研究会　会式一号飛行機
陸軍／1911 年／1 機
- 所沢航空発祥記念館

●川崎　乙式一型偵察機（サルムソン 2A2）
陸軍／1917 年／637 機
- 岐阜かかみがはら航空宇宙博物館

●ニューポール（三菱）　甲式一型練習機（ニューポール 81E2）
陸軍／1917 年／輸入 38 機、国内製造 92 機
- 所沢航空発祥記念館

●航空廠　九三式中間練習機［K5Y］
海軍／1933 年／5,591 機
- 河口湖自動車博物館
- 錦町立 人吉海軍航空基地 資料館

●中島　九七式艦上攻撃機［B5N］
海軍／1936 年／1,250 機以上（「栄」搭載型を含む）
- 鶉野飛行場跡　sora かさい

●三菱　零式艦上戦闘機［A6M］
海軍／1940 年／約 10,430 機
- 筑波海軍航空隊記念館［二一型］
- 予科練平和記念館［二一型］
- あいち航空ミュージアム［五二型］
- 岐阜かかみがはら航空宇宙博物館［一二試艦上戦闘機］
- 在日米軍岩国基地［二一型］
- 宇佐市平和資料館［二一型］

●川崎　三式戦闘機 飛燕［キ 61］
陸軍／1941 年／3,159 機
- ドレミコレクション［一型］

●川西　局地戦闘機 紫電改［N1K2-J］
海軍／1942 年～／約 450 機
- 鶉野飛行場跡 sora かさい

●空技廠　特別攻撃機 桜花［MXY7］
海軍／1944 年／約 850 機
- 鹿島市 櫻花公園
- 神栖市 神栖中央公園
- 靖国神社 遊就館
- 河口湖自動車博物館
- 宇佐市平和資料館

●九州　十八試局地戦闘機「震電」［J7W］
海軍／1945 年／1 機
- 筑前町立太刀洗平和記念館

Column 9 復元機か？ レプリカか？

敗戦国である日本に、戦前の航空機は数えるほどしか残っていない。だから、実機を修復した展示機もあれば、実物大モデルの展示機もある。ややこしいのは、その呼び方だ。

自衛隊の展示機は、現役を退いた航空機から電子機器やエンジンなどを取り外した後、脚を台座に据え直して展示した、ありのままのものがほとんどだ。

しかし旧軍機となると、そんな好条件の機体はわずかだ。どんな状態の展示機があるのか、整理してみよう。

①主要部が当時のまま残っている機体を補修・修復したもの

非常に貴重で、稀少だ。岐阜かかみがはら航空宇宙博物館（以下、空宙博）の飛燕、鹿屋航空基地史料館の二式大艇などがこれにあたる。

②回収された状態のまま、保存のための処置を施して展示したもの

オリジナルの保存を大切にするかたちだ。万世特攻平和記念館の零式三座水偵、立飛ホールディングスの一式双発高等練習機などはこれである。

③実機を現代の素材や技術で修復し、かつての姿を取り戻したもの

オリジナルの保持と元の姿の両立だ。靖國神社や科博廣澤博物館の零戦五二型などはこれだ。

このほかに、

④実機図面もしくはリバースエンジニアリングの手法で新造した機体

というものもある。空宙博の乙式一型偵察機はこれにあたるようだ。

そして最後に、

⑤航空機としての構造でなく外見等を再現した機体

がある。大刀洗平和祈念館の震電などがこれに該当し、映画撮影のために制作したものも多い。

さて、難しいのがこれらの呼び方だ。①や②は「実機」である。③は「実機」ではないので表現が難しい。本書では「復元機」としているが、この呼び方が嫌がられることもある。「○%実機」とでも言えばよいだろうか。

④は、⑤と技術的にかけ離れているので区別したいが、便利な単語がない。⑤はどうかと言うと、「実物大模型」「実物大モデル」がわかりやすいのだが、この呼び方を嫌う向きもある。だからといって、ここで「レプリカ」や「復元」と言ってしまうと、こんがらがる。

ようするに、博物館などではっきり定めてもらえると分かりやすいのである。

（文：編集部）

ドレミコレクションの依頼で日本立体が制作した、三式戦闘機「飛燕」一一型の実物大模型（2023年夏の完成直前に撮影）。103ページに掲載した、ドレミコレクションが保有する三式戦闘機「飛燕」一一型の実機とともに展示される。実機のオリジナルを維持し、かつ当時の姿も見せるためのひとつの解である　写真：編集部

知らない機種も多いハズ 何機残っているのか自衛隊機?

ここからは自衛隊機編。またもやデータは最低限だが、[任務、使用年間、生産機数、展示機数] は網羅してみた。よく知っている方なら、退役し、かつここにない機種があることにも気づいてしまうだろう。

2 自衛隊 プロペラ機

陸・海・空自衛隊のいずれでも運用しているプロペラ機。T-34やKAL-2のように3自衛隊をまたいだ機種もある。これまでに退役した約20機種のうち多くは保存されている。PBYカタリナ飛行艇、TBMアベンジャー対潜機、LM-1練習機など6機種は永遠に失われている。

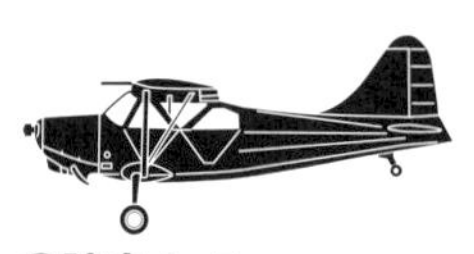

①陸自 L-5

②陸自 L-21B

③陸自 L-19

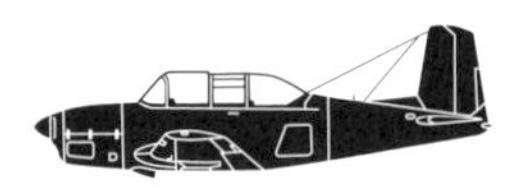

④空・海・陸自 T-34A

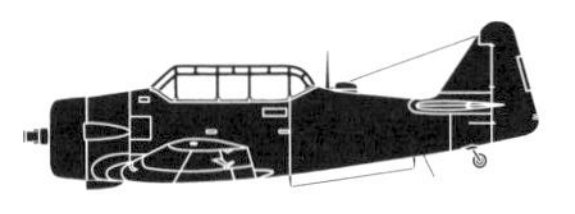

⑤空・海自 T-6 / SNJ

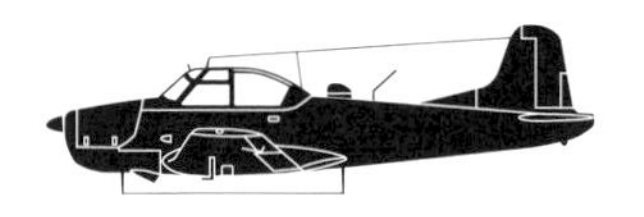

⑥空・陸自 KAL-2

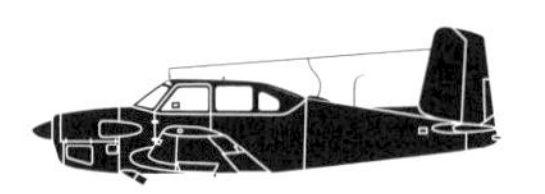

⑦海自 KM-2

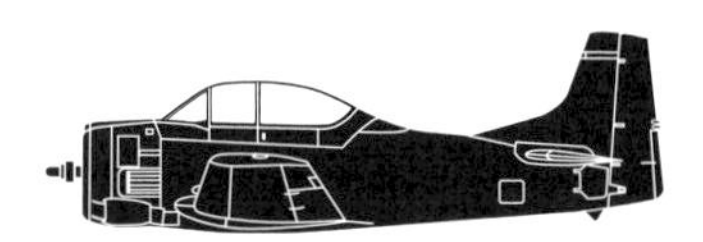

⑧空自 T-28B

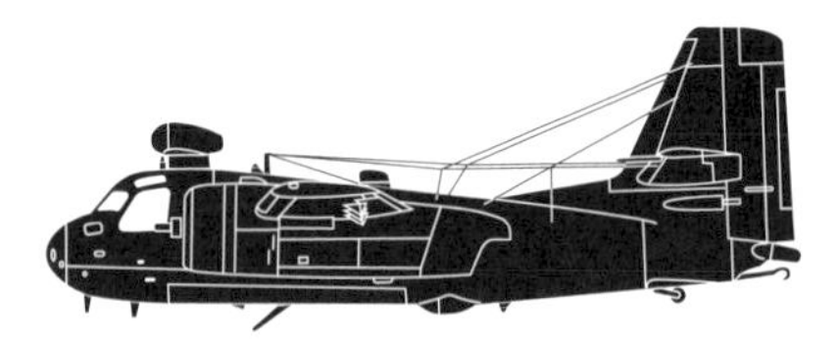

⑨海自 S2F-1

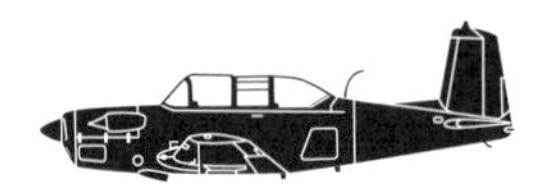

⑩空自 T-3

【凡例】以下のように示す
メーカー名（国内メーカー名）機種名 愛称
［所属自衛隊と制式名称］用途／運用時期／導入機数／保存機数
●制式名称に「*」がつくものは改修機を示す。
●制式名称の「/」は「および」の意。例：T-1A/B = T-1A および T-1B
●運用時期は、引き渡しから退役までを示す。
●保存機数は確認できている機数。必ずしも第３部と合致しない。

①スチンソン　L-5 センティネル
［陸自 L-5］連絡・訓練機／1952 ～ 57 年／135 機？／1 機

②パイパー　L-21B
［陸自 L-21B］練習機／1953 ～ 65 年／62 機／1 機

③セスナ　L-19
［陸自 L-19E-1］連絡・観測機／1957 ～ 85 ？年／14 機／4 機
［陸自 L-19E-2］計器飛行訓練機／1960 ～ 85 ？年／8 機／2 機
※107 機供与された L-19A は保存機がない。

④ビーチクラフト（富士）T-34 メンター
［海自 T-34A］練習機・連絡機／1954 ～ 82 年／9 + 11 機／2 機
［空自 T-34A］初等練習機／1954 ～ 82 年／143 機／15 機
［陸自 T-34A］初等練習機／1964 ～ 78 年／9 機／3 機
※空自 134 機のうち 8 機は海自からの移管（1955 年）。陸自 T-34A は 9 機とも空自からの移管（1964 年）。海自の追加 11 機は空自からの移管（1964、69 年）。

⑤ノースアメリカン　T-6 テキサン（SNJ）
［空自 T-6D/F］練習機／1954 ～ 64 年／9 機 /11 機／2 機 /2 機
［空自 T-6G］練習機・救難機／1954 ～ 70 年／160 機／14 機
［海自 SNJ-5/6］練習機／1954 ～ 66 年／約 11 機 / 約 40 機／5 機 /1 機
※SNJ は T-6 の海軍型の名称。SNJ-5 は T-6D、SNJ-6 は T-6F に相当する。

⑥川崎　KAL-2
［空自 / 陸自 KAL-2］連絡機／1955 ～ 64 年 /64 ～ 66 年／1 機 /1 機
※空自の KAL-2 が 1964 年に陸自に移管。海自 KAL-2 の保存機はない。

⑦富士　KM-2
［海自 KM-2］練習機／1962 ～ 98 年／64 機／10 機

⑧ノースアメリカン　T-28B トロージャン
［空自 T-28B］研究機・偵察機／1956 ～ 63 年／1 機／1 機

⑨グラマン　S2F-1 トラッカー
［海自 S2F-1］対潜哨戒機／1957 ～ 81 年／60 機／3 機
※改造型の S2F-C、S2F-U は現存しない。

⑩富士　T-3
［空自 T-3］練習機／1978 ～ 2007 年／50 機／18 機

⑪富士 T-5
［海自 T-5］練習機／1988 年～／67+ 機／1 機

⑫ビーチクラフト　SNB-4
［海自 SNB-4］計器飛行・輸送機／1957 ～ 66 年／35 機／3 機
※「JRB-4」とも呼ばれる。上記が海自の制式名称。

⑬ビーチクラフト　B-65
［海自 B-65P］測量機／1960 ～ 83 年／1 機／1 機
［海自 B-65］航法訓練機・連絡機／1962 ～ 91 年／28 機／4 機
［空自 B-65］連絡機・輸送機／1980 ～ 98 年／5 機／3 機
※空自の 5 機は海自 28 機のうちの 5 機と同一。海自に運用委託した機体が返還されたもの。

⑭ビーチクラフト　TC-90
［海自 TC-90］計器飛行訓練機／1974 年～／41 機／2 機

⑮三菱　LR-1 / MU-2S
［空自 MU-2S］救難捜索機／1967 ～ 2008 年／29 機／2 機
［陸自 LR-1］連絡・偵察機／1967 ～ 2018 年／20 機／9 機

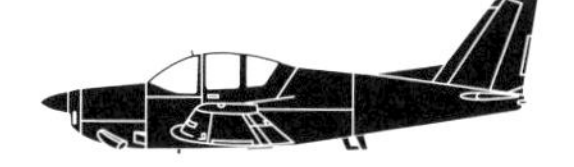

⑪空自 T-5

⑫海自 SNB-4

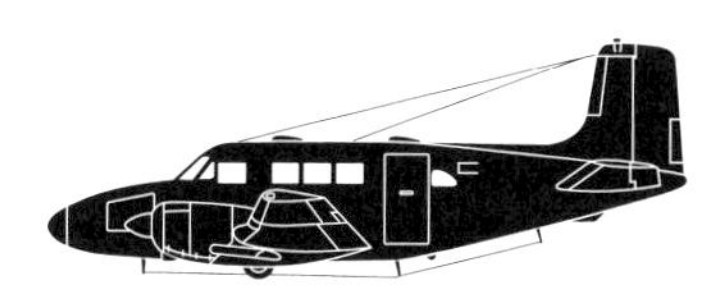

⑬空・海自 B-65

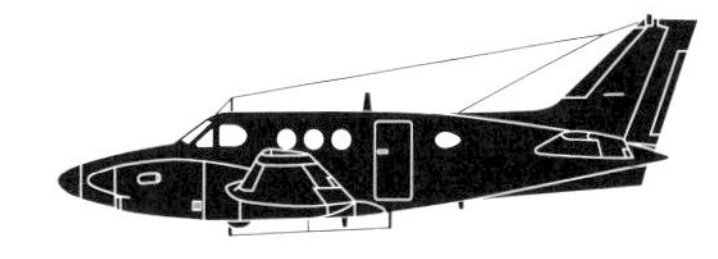

⑭海自 TC-90

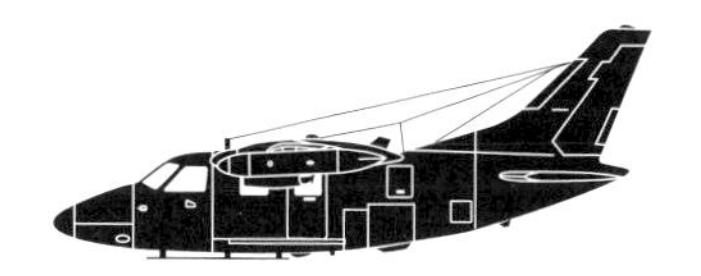

⑮陸自 LR-1 / 空自 MU-2S

3 自衛隊 ジェット機

ジェット機の主なユーザーは航空自衛隊だ。1機しか導入しなかったバンパイアを含めて、全機種が1機以上保存されている。現役の機種でも、退役が始まったものと事故や災害で登録抹消された機体を、展示機や訓練機として転活用している。

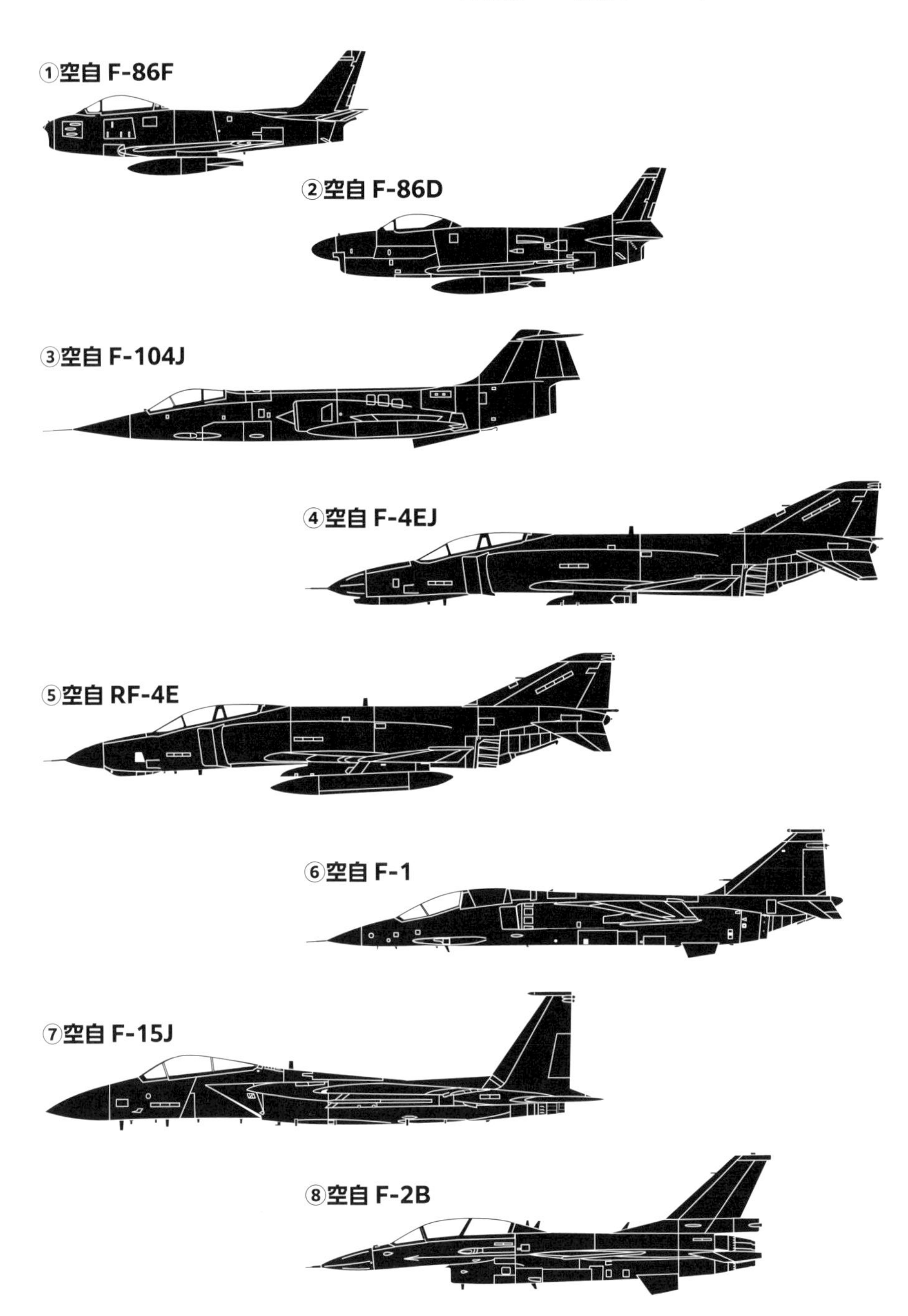

⑨空自 T-33A

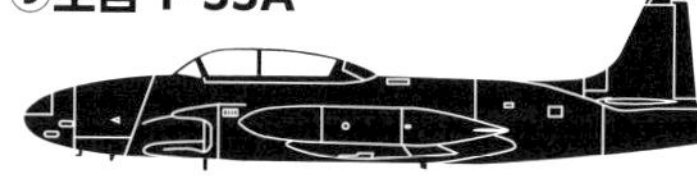

⑩空自 T.55

⑪空自 T-1

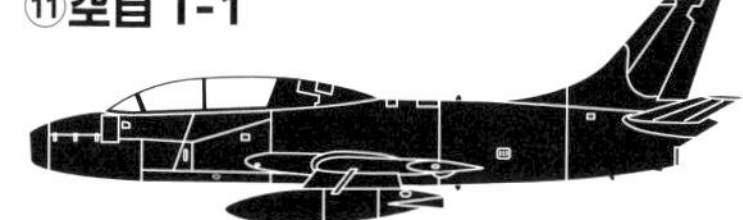

⑫空自 T-2

⑬空自 T-4

①ノースアメリカン（三菱） F-86F セイバー
［空自 F-86F］戦闘機／1955 ～ 82 年／480 機／34 機
［空自 RF-86F*］偵察機／1961 ～ 1979 年／18 機／1 機？
※F-86F の細かい型式による内訳は、-25 が 10 機、-30 が 20 機、-40 が 440 機。

②ノースアメリカン F-86D セイバードッグ
［空自 F-86D］戦闘機／1958 ～ 68 年／122 機／19 機

③ロッキード（三菱） F-104 スターファイター
［空自 F-104J］戦闘機／1962 ～ 86 年／180 機／41 機
［空自 F-104DJ］練習機／1962 ～ 86 年／20 機／5 機
※標的機に改造した UF-104J/JA は撃ち落とされて現存しない。

④マクドネル（三菱） F-4 ファントム II
［空自 F-4EJ］戦闘機／1971 ～ 2021 年／140 機／3 機
［空自 F-4EJ 改 *］戦闘機／1984 ～ 2021 年／90 機／12 機
［空自 RF-4EJ*］偵察機／1992 ～ 2020 年／15 機／2 機

⑤マクドネル RF-4 ファントム II
［空自 RF-4E］偵察機／1974 ～ 2020 年② 14 機／2 機

⑥三菱 F-1
［空自 F-1］支援戦闘機② 1975 ～ 2006 年／77 機／26 機

⑦マクドネルダグラス（三菱） F-15 イーグル
［空自 F-15J］戦闘機／1980 年～／165 機／3 機
※保存 3 機は 2 機の垂直尾翼と被撃墜機。※複座型 F-15DJ の保存機はない。

⑧三菱 F-2B
［空自 F-2B］2000 年～／32 機／1 機
※保存 1 機は訓練用のコクピット。※単座型 F-2A の保存機はない。

⑨ロッキード（川崎） T-33A シューティングスター
［空自 T-33A］練習機・用務機／1955 ～ 99 年／278 機／44 機

⑩デ・ハビランド T.55 バンパイア
［空自 T.55］練習機／1956 ～ 70 年／1 機／1 機

⑪富士 T-1
［空自 T-1A］練習機／1958 ～ 2006 年／46 機／6 機
［空自 T-1B］練習機／1958 ～ 2006 年／20 機／11 機

⑫三菱 T-2
［空自 T-2］練習機／1971 ～ 2006 年／99 機／20 機

⑬川崎 T-4
［空自 T-4］練習機／1988 年～／212 機／5 機

4 自衛隊 大型機

ここでは全長が20メートルを超える機種を大型機として区別した。大きければ大きいほど保存は困難だが、これまでに8機種退役したうち、元政府専用機のボーイング747-400を除く7機種が保存されている。現役のYS-11、C-1、P-3Cもそれぞれ保存機が存在する。

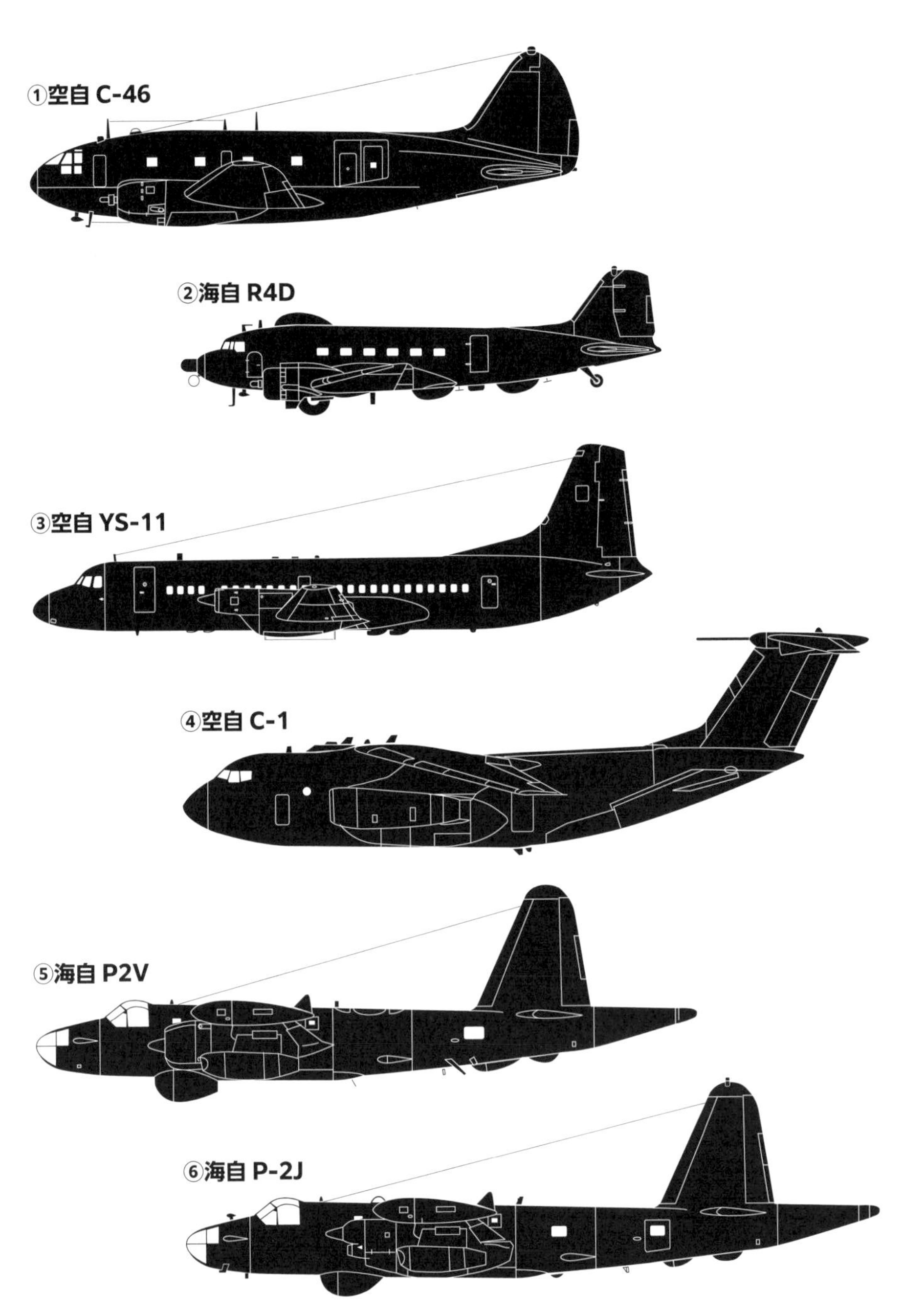

①カーチス　C-46 コマンド
［空自 C-46D］輸送機／ 1955 ～ 77 年／ 48 機／ 7 機

②ダグラス　R4D
［海自 R4D-6/6Q］輸送機 / 電子戦訓練機／ 1958 ～ 74 年／ 3 機 /1 機／ 0 機 /1 機
※ DC-3 旅客機の海軍型

③日本航空機製造　YS-11
［空自 YS-11P］輸送機／ 1965 年～／ 13 機／ 2 機
※海自 YS-11 の保存機はない。※空自 YS-11 の保存機はいずれも YS-11P。

④川崎　C-1
［空自 C-1］輸送機／ 1976 年～／ 31 機／ 1 機

⑤ロッキード　P2V ネプチューン
［海自 P2V-7］対潜哨戒機／ 1956 ～ 81 年／ 64 機／ 1 機

⑥川崎　P-2J
［海自 P-2J］対潜哨戒機／ 1969 ～ 94 年／ 83 機／ 5 機

⑦ロッキード（川崎）P-3C オライオン
［海自 P-3C］／ 1982 年～／ 101 機／ 1 機

⑧グラマン＋新明和　UF-XS
［海自 UF-XS*］実験機／ 1962 ～ 1964 年／ 1 機／ 1 機
※グラマン UF-2 アルバトロス飛行艇の改造機。UF-2 の保存機はない。

⑨新明和　PS-1
［海自 PS-1］対潜哨戒飛行艇／ 1968 ～ 89 年／ 23 機／ 1 機

⑩新明和　US-1
［海自 US-1/US-1A］救難飛行艇／ 1975 ～ 2017 年／ 20 機／ 3 機
※ US-1A はエンジン強化型。保存機 3 機はすべて US-1A。

5 自衛隊 ヘリコプター

これまでに自衛隊から退役したヘリコプターは10機種あまり。陸自のUH-1、OH-6は導入機数も多いので、沖縄を除く全国に遺っている。MH-53E掃海ヘリ、AS332ピューマVIP輸送ヘリなど4機種の保存はない。V-44など現存機が稀少なヘリコプターもいくつかある。

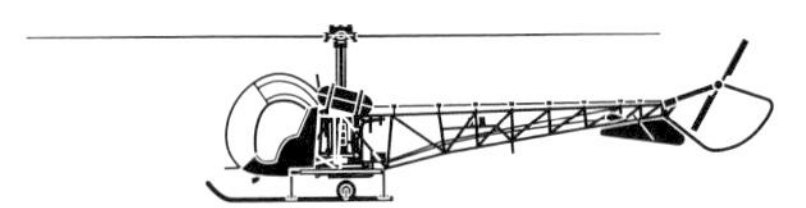

①海自 ベル47 / 陸自 H-13

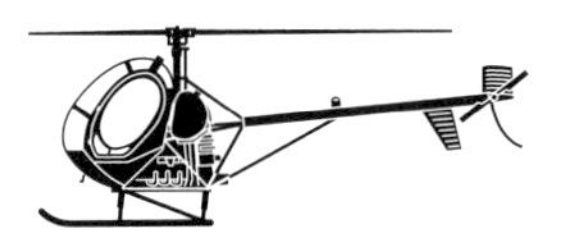

②陸自 TH-55J

③海・陸自 OH-6

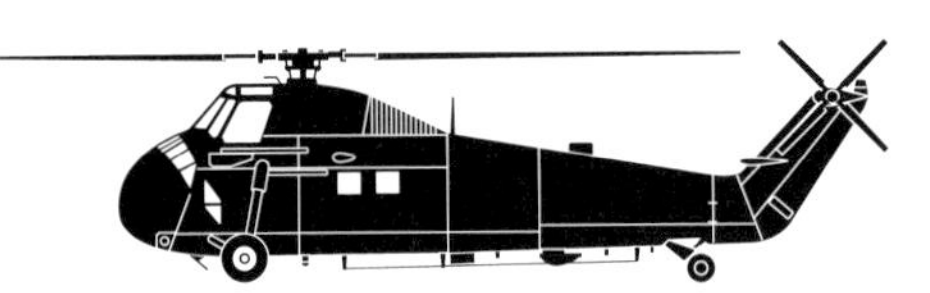

④空・陸自 H-19

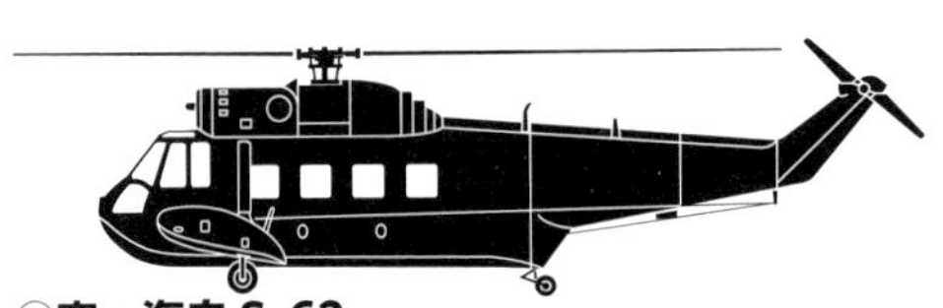

⑤空・海自 S-62

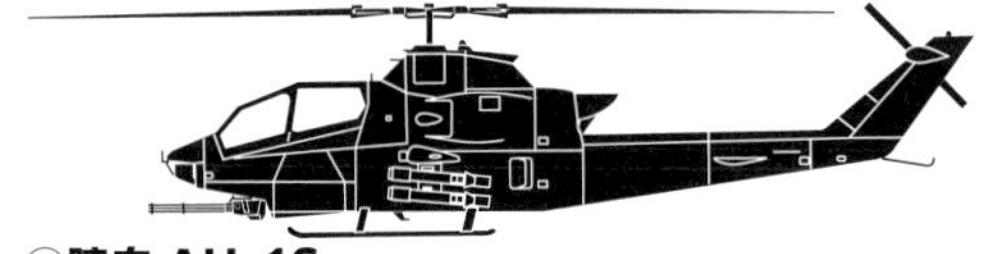

⑦陸自 AH-1S

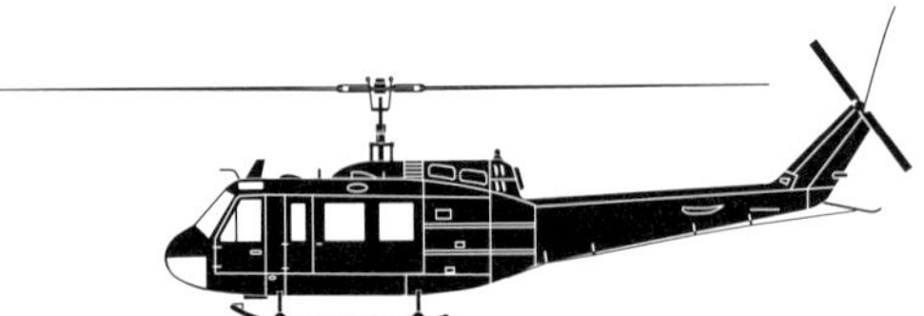

⑥陸自 UH-1

⑧海自 SH-60J

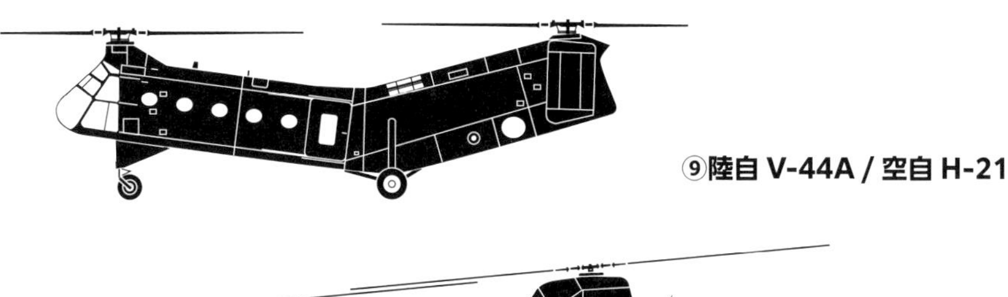

⑨陸自 V-44A / 空自 H-21

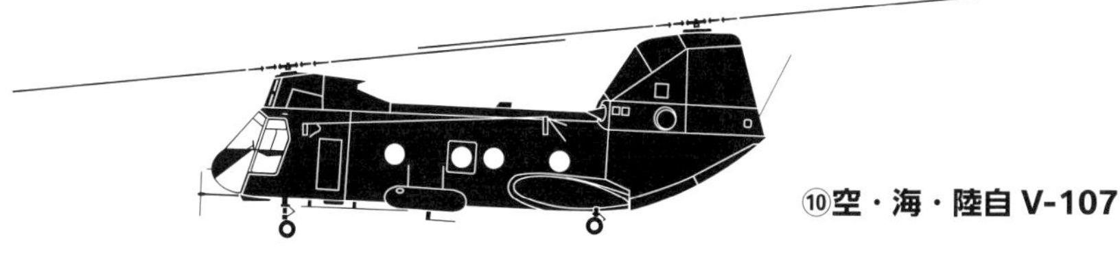

⑩空・海・陸自 V-107

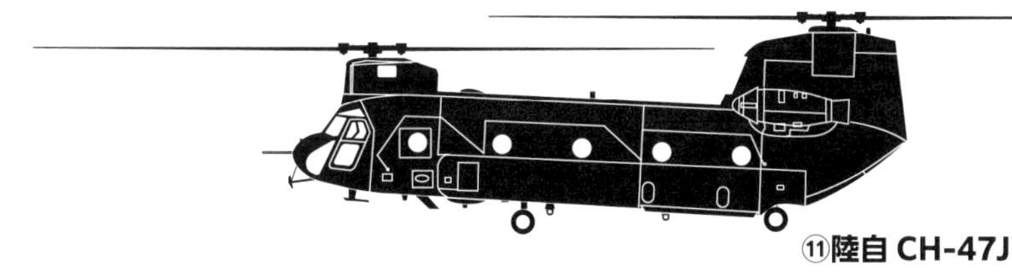

⑪陸自 CH-47J

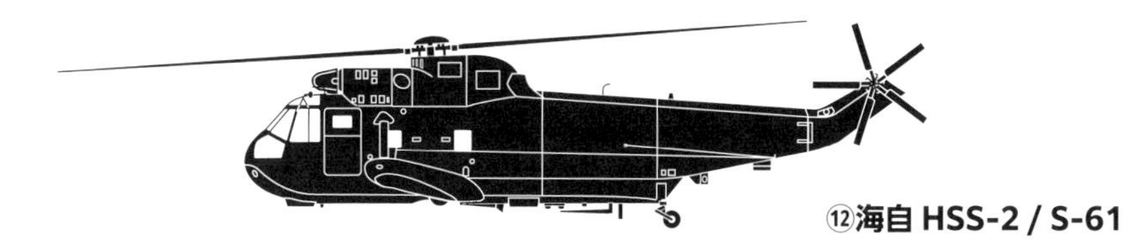

⑫海自 HSS-2 / S-61

①ベル（川崎）H-13/47G
［陸自 H-13E］連絡・観測・練習ヘリ／ 1954 ～ 70 年／ 6 機／ 1 機
［陸自 H-13H］同上／ 1957 ～ 77 年／ 75 機／ 1 機
［陸自 H-13KH］同上／ 1964 ～ 82 年／ 19 機／ 1 機
［海自 47G-2A］練習ヘリ／ 1965 ～ 86 年／ 8 機／ 1 機

②ヒューズ　TH-55J
［陸自 TH-55J］練習ヘリ／ 1971 ～ 95 年／ 38 機／ 4 機

③ヒューズ / 川崎 OH-6 観測／練習ヘリ
［陸自 OH-6J］観測・練習ヘリ／ 1969 ～ 99 年／ 117 機／ 16 機
［陸自 OH-6D］同上／ 1979 ～ 2020 年／ 193 機／ 53 機
［海自 OH-6J］練習ヘリ／ 1973 ～？年／ 3 機／ 1 機

④シコルスキー（三菱）H-19（S-55）
［陸自 H-19C］輸送・練習ヘリ／ 1954 ～ 76 年／ 31 機／ 2 機
［空自 H-19C］救難ヘリ／ 1957 ～ 73 年／ 21 機／ 2 機

⑤シコルスキー　S-62
［空自 S-62J］救難ヘリ／ 1963 ～ 83 年／ 9 機／ 3 機
［海自 S-62J］救難ヘリ／ 1965 ～ 85 年／ 9 機／ 2 機

⑥ベル（富士）UH-1 イロコイ
［陸自 UH-1B］多用途ヘリ／ 1963 ～ 94 年／ 90 機／ 19 機
［陸自 UH-1H］多用途ヘリ／ 1973 ～ 2017 年／ 133 機／ 78 機
［陸自 UH-1J］多用途ヘリ／ 1993 年～／ 130 機／ 3 機

⑦ベル（富士）AH-1S コブラ
［陸自 AH-1S］対戦車ヘリ／ 1984 年～／ 92 機／ 2 機

⑧シコルスキー（三菱）SH-60J
［海自 SH-60J］対潜ヘリ／ 1989 年～／ 103 機／ 11 機

⑨パイアセッキ / バートル　H-21
［空自 H-21B］救難ヘリ／ 1960 ～ 66 年／ 10 機／ 2 機
［陸自 V-44A］大型ヘリ／ 1959 ～ 72 年／ 2 機／ 1 機
※V-44A は陸軍型 H-21C の社内呼称。

⑩バートル（川崎）V-107
［海自 V-107/V-107A］対潜ヘリ／ 1963 ～ 91 年／ 2 機 /7 機／ 0 機 /2 機
［陸自 V-107/V-107A］輸送ヘリ／ 1966 ～ 2002 年／ 42 機 /18 機／ 11 機 /11 機
［空自 V-107/V-107A］救難ヘリ／ 1967 ～ 2009 年／ 17 機 /35 機／ 0 機 /4 機
※V-107A はエンジン強化型。※詳細な型式は次の通りで、() 内は自衛隊での呼称。海自型：KV-107II-3（V-107）、KV-107IIA-3A（V-107A）。陸自型 KV-107II-4 および KV-107II-4A（V-107）、KV-107IIA-4（V-107A）。空自型 KV-107II-5（V-107）、KV-107IIA-5（V-107A）。

⑪ボーイング・バートル（川崎）CH-47J チヌーク
［陸自 CH-47J］輸送ヘリ／ 1986 年～／ 34 機／ 5 機
※空自 CH-47J の保存機はない。

⑫シコルスキー（三菱）HSS-2/S-61
［海自 HSS-2/2A/2B］対潜ヘリ／ 1964 ～ 2003 年／ 55 機 /28 機 /84 機／ 0 機 /1 機 /8 機
［海自 S-61A/*A-1］輸送ヘリ／ 1965 ～ 2008 年／ 3 機 /4 機／ 1 機 /1 機
［海自 S-61AH］救難ヘリ／ 1976 ～ 2000 年／ 13 機／ 1 機
※S-61A-1 はエンジン強化型。うち 2 機は HSS-2B からの改造。

Column 10

欧米諸国における軍用機の継承

欧米の航空ショーでは、第二次世界大戦当時の航空機がフライトすることが少なくない。「戦勝国は違うなあ」と思ってしまうが、そんな状況もそれほど長く続くわけではなさそうだ。

動態保存と静態保存

飛行機が軍用として使用され始めてから110年以上が経ち、この間に数多くの軍用機が登場した。諸外国では、これらの軍用機を次世代へと継承するために記録の保存と機体の保存が行われている。今回は、比較的古く、継承するための保存方法が課題となってきている第二次大戦前後（1930～1960年）の軍用機に焦点を当て、博物館や保存団体における機体の保存状況概要を見てみたい。また第二次大戦前後となると飛行機を製造していた国も限られるため、ここではアメリカ、イギリス、フランス、ドイツ、イタリアを主な対象として考えている。

さて機体の保存は、飛行可能な動態保存と飛行しない静態保存の二つに分かれる。このうち動態保存はアメリカとイギリスで盛んで、さらにいくつかの国でも行われているが、その数は限定される。これは、動態を維持するための費用や許認可の問題もあるが、例えば第二次大戦機でいえばノースアメリカンP-51ムスタングやスーパーマリン・スピットファイアなどの特定の人気がある機種を除き、残存する機体そのものの数が少ないことが最大の理由である。

一方の静態保存だが、この方法では飛行機本来の機能である飛行を放棄す

英空軍の“バトル・オブ・ブリテン・メモリアル・フライト”が管理・運用する、動態保存の第二次世界大戦機。先頭はランカスター爆撃機、右翼はハリケーン戦闘機、左翼はスピットファイア戦闘機。2023年6月17日のチャールズ3世国王の誕生日には、バッキンガム宮殿上空をフライパスした　写真：Crown Copyright

ることになるものの、動態を維持する費用が削減出来ることに加え、機体のオリジナル状態を保つことが可能となる。さらに飛行中の事故により失われるという最大のリスクを無くすことも出来る。このため各国での保存方法は、静態保存が主流となっている。

この機体の継承に適した静態保存だが、機体の処理方法は時代と共に変わっている。1980年辺りまでは、保存される機体のオリジナル状態が考慮されずに外観が整えられる場合が多かった。しかし、そのなかで機体をオリジナル、もしくは修復が必要な場合も材料まで含めて出来るだけオリジナルに近い状態とする方針で機体を保存していたのが、アメリカの「スミソニアン航空宇宙博物館」である。スミソニアンでは、長期間の保存を考え、発動機も内部の腐食等を防ぐため開口部を塞ぐなど動態への復帰を考えない完全な静態保存の処置を行っている。

近代産業遺産としての価値

この考え方は、1980年代以降に各国で支持が強まり、最近では、さらに一歩進んで、文化財の保存に近い考え方による修復を最小限とし塗装も塗り直さず、保存処理以外は出来るだけ手を加えない状態とした機体が増えている。「イギリス海軍航空隊博物館」のF4Uコルセアや日本の「かかみがはら航空宇宙博物館」にある飛燕二型がこの例になる。

軍用機の歴史も長くなり、古い機体は飛行状態を維持するのが難しくなってきた。第二次大戦機でいえば、終戦からすでに78年が経ち、飛行可能な機体の中には、飛行を維持するため主要部品のほとんどが新造品に置き換えられたものもある。その一方でオリジナル状態を残した古い飛行機の近代産業遺産・文化財としての価値は、年々大きくなってきている。この様な状況なので諸外国における軍用機を継承する方法は、静態保存の方向に進んでいる。一つの例として、イギリスの帝国戦争博物館所蔵のメッサーシュミットBf109G-2は、一旦飛行状態に復元されたが、着陸事故によって機体が損傷した後は、機体の損失を防ぐため静態保存に方針転換した。

2016年にアメリカのスミソニアン博物館を訪ねたとき、保存処置の作業中だったHo229 V3全翼機。現在もほとんどこの姿のまま、展示室で公開されている　写真：編集部

第二次大戦前後の軍用機は、現時点で残っている機体の数や状態をみると明確な意思をもって長期保存を考えなければいけない時期にある。今後、各国での軍用機の継承は、その確実性から、出来るだけオリジナル状態を保ちながら、静態で保存する方向にさらに進んでいくことは間違いないだろう。

（文：宮崎賢治）

Column 11

日本航空協会の重要航空遺産

第３部で「日本航空協会の重要航空遺産」と紹介した機体がいくつかある。いったい「重要航空遺産」とは何なのか？　これまでにどんなものが認定されてきたのか？

未来に受け継ぎたいものを守るための制度がある。ユネスコの「世界遺産」、国の「国宝」などがそれだ。権威ある機関が大切なものを“宝物認定”することで、その存在と価値を人々に知らしめるとともに、保護・保全する。

一般財団法人 日本航空協会の「重要航空遺産」も同じことを意図したものだ。この制度は2007年に始まり、専門委員の審議によって、歴史や文化の観点からみて価値の高い航空機や資料を、軍用・民間の別なく認定してきた。

審議における判断基準は、次の３要件をクリアしているかどうかである。

1.　航空史または航空技術史の上で意義を有すること
2.　歴史的情報を留めた固有の状態を保持するなど、文化史的価値を有すること
3.　現存する資料数が極めて少ないなど、希少性が高いこと

これまでに認定された重要航空遺産は、次ページから示したとおりである。

日本航空協会の心意気

ちなみに日本航空協会は、1913年に「帝国飛行協会」として発足し、日本における航空振興のために活動してきた団体だ。これまでいろいろな事業を行ってき

2023年２月に重要航空遺産に認定された、知覧特攻平和会館の四式戦闘機「疾風」　写真提供：知覧特攻平和会館

たが、航空遺産を継承するための活動を始めたのは2004年である。

この活動は〈収集〉〈調査〉〈保存〉〈公開〉からなっており、「重要航空遺産」の認定制度はその一環としてうまれた。国の重要文化財には、近代の文化遺産として「1号機関車」(1871年英製の150型蒸気機関車)や「氷川丸」(1930年竣工の12,000トン級貨客船)といった工業製品があるが、航空機は存在しない。「自分がやらなければ誰がやる」と立ち上がったかたちだ。

日本各地で保存・展示されている航空機が、少しずつ姿を消していることは別のコラムでも触れた。大切な航空機(や資料)を大切だと認識し、朽ちさせずに伝えるための「重要航空遺産」である。本書読者の皆さんには、ぜひ一度実見し、価値を味わっていただきたい。

(文:編集部)

重要航空遺産一覧(2023年10月現在)

◎QRコードを読み込むと、日本航空協会の解説ページに飛びます。

■YS-11輸送機量産初号機(JA8610)および関連資料

平成20年3月28日認定

所有者:国立科学博物館

所在地:科博廣澤航空博物館

認定理由:戦後初の国産輸送機量産初号機であり、現存するYS-11の中では試作1号機に続く最古の機体。航空局での使用当時の状態を良く保っている。

https://www.aero.or.jp/isan/heritage/aviation-heritage-YS-11.htm

最初の重要航空遺産のひとつ、国立科学博物館のYS-11輸送機量産初号機(JA8610) 写真:小久保陽一

■九一式戦闘機

2008年3月28日認定

所有者:埼玉県

所在地:所沢航空発祥記念館

認定理由:日本の航空産業が海外の追従から自立に移る、転換期の設計生産の状況を示す。400機以上生産されたうち現存する唯一の機体。1930年代の国産航空機で当時の状態を保つ希少な例。

https://www.aero.or.jp/isan/heritage/aviation-heritage-type91.htm

■戦後航空再開時の国産航空機群

2009年5月18日認定

所有者:東京都立産業技術高等専門学校

所在地:同校 科学技術展示館

内容と認定理由:1952年の航空再開当時の国産航空機を一堂に集めたコレクション。当時の航空全般に関する日本の技術レベルを伝え、情熱を伝える。

①瓦斯電「神風」エンジン(立飛R-52練習機搭載)

②東洋航空TT-10練習機(JA3026)

③東洋航空フレッチャーFD-25A軽攻撃/練習機

④東洋航空フレッチャーFD-25B軽攻撃機(JA3092)

⑤読売Y-1ヘリコプター(JA7009)

⑥自由航空研究所JHX-3ヘリコプター

いずれも現存する唯一のもので、実施された修理の記録も詳細に残っている。

https://www.aero.or.jp/isan/heritage/aviation-heritage-kosen-collectiojn.htm

岐阜かかみがはら航空宇宙博物館に並ぶ2機の重要航空遺産、UF-XS 実験飛行艇と X1G1B 高揚力研究機（翼の下）
写真：山本晋介

■日本初の動力飛行をした飛行機のプロペラ
所有者：独立行政法人国立科学博物館
2010年12月19日認定
所有者：国立科学博物館
認定理由：1910年12月の日本初の動力飛行では、ハンス・グラーデ機とアンリ・ファルマン機、両機に使用された可能性がある。当時の状態をよく保持している。日本の同時期のプロペラは稀少。
https://www.aero.or.jp/isan/heritage/aviation-heritage-Grade_and_Farman_propellers-detail.htm

■零式水上偵察機
2011年12月1日認定
所有者：南さつま市
所在地：万世特攻平和祈念館
認定理由：零式水上偵察機は、日本の水上機では最多の1,423機が作られた代表機種。現存する2機のうち、同機は使用当時の状態をよく保っている。海底に沈んでいた状態を再現する展示もよい。
https://www.aero.or.jp/isan/heritage/aviation-heritage-type_0_reconnaissance_seaplane.htm

■日本初の飛行機による動力飛行が行われた代々木練兵場跡地
2011年12月1日認定
所在地：東京都渋谷区
認定理由：1910年12月11～20日の陸軍代々木練兵場における日本での飛行機による初の動力飛行は、日本の航空史の原点。敷地の境界が現在でもわかりやすく、初飛行当時の様子がうかがえる。
https://www.aero.or.jp/isan/heritage/aviation-heritage-yoyogi.htm

■ UF-XS 実験飛行艇
2014年3月27日認定
所有者：海上自衛隊
保管展示：岐阜かかみがはら航空宇宙博物館
認定理由：グラマン UF-1 飛行艇をベースに製作した実験飛行艇。1962～64年に各種実験を行い、得られた成果は戦後日本の飛行艇（PS-1、US-1、US-2）開発の礎になった。適切な修復・復元処置により使用当時の状態も取り戻した。
https://www.aero.or.jp/isan/heritage/aviation-heritage-UF-XS.htm

■ X1G1B 高揚力研究機
2014年3月27日認定
所有者：防衛装備庁
保管展示：岐阜かかみがはら航空宇宙博物館
認定理由：サーブ91サフィール小型練習機に新設計の主翼を装備した高揚力研究機。1957～62年に各種実験を行い、得られた成果は、C-1輸送機、PS-1飛行艇、MU-2ビジネス機に活用された。研究機だった頃の痕跡も含め使用時の状態をよく保っている。
https://www.aero.or.jp/isan/heritage/aviation-heritage-X1G1B.htm

■一式双発高等練習機
2016年7月2日認定
所有・保管者：株式会社 立飛ホールディングス
認定理由：1,342機が生産され、現存する3機のうち日本唯一の機体。腐食が進行しているが、機体内外に運用時の塗色や日の丸、部隊のマーク、注意書きなどが残る。日本の航空機開発の歴史を今日に伝える。
https://www.aero.or.jp/isan/heritage/aviation-heritage-ki54.htm

■東京大学駒場Ⅱキャンパス1号館
(旧東京帝国大学航空研究所風洞部建物)
三米(メートル)風洞
2019年1月25日認定

所有・管理者：東京大学先端科学技術研究センター

認定理由：1930年に建設された実験施設。戦前は世界記録を打ち立てた航研機やA-26、層流翼の開発などに貢献。戦後の航空禁止で奇跡的に破壊を免れ、YS-11など国産航空機のみならず、自動車、鉄道、船舶の開発、建築物の設計、スポーツ研究にも活用され、我が国の産業·文化の発展に貢献した。

https://www.aero.or.jp/isan/heritage/aviation-heritage-tokyo-univ._3mwt.htm

■四式戦闘機「疾風」

所有者：南九州市

展示場所：知覧特攻平和会館

2023年2月14日認定

認定理由：四式戦闘機は第二次世界大戦までの日本の航空機開発の技術的到達点を示すもの。約3,500機製造されたうち、本機は現存する唯一の機体。

https://www.aero.or.jp/isan/heritage/aviation-heritage-ki-84.htm

■三式戦闘機「飛燕」

所有者：日本航空協会

展示場所：岐阜かかみがはら航空宇宙博物館

2023年3月25日認定

認定理由：三式戦闘機は第二次世界大戦までの日本の航空機開発の技術的到達点を示すもの。約3,000機が製造されたうち、航空機として完全な姿を保っているのは本機だけ。機体各部にオリジナルの状態を遺している。

https://www.aero.or.jp/isan/heritage/aviation-heritage-ki-61.htm

岐阜かかみがはら航空宇宙博物館の三式戦闘機「飛燕」　写真：山本晋介

さくいん

機種名で掲載写真を探すことができます。

A

B

C

E

F

H

T

U

V

X

Y

日本で見られる
保存機・展示機
ガイドブック

博物館、公園、基地の広場にある旧軍機・自衛隊機・米軍機

2023年11月25日発行

執筆・編集協力

山本晋介（自衛隊機・米軍機）
やまもと・しんすけ　1963年生まれ。ブログ「用廃機ハンターが行く！」管理人。用途廃止・除籍になった航空機（用廃機）を求めて日本国内やアジア各地にある基地、博物館、公園、草むらをめぐり、見つけては紹介している。

鈴崎利治（自衛隊機）
すずさき・としはる　1967年生まれ。「七五三から軍事演習まで、何でも撮るスズサキ写真店」店主。小・中学校の記念撮影や卒業アルバムを手掛けつつ、ミリタリーカメラマンとして雑誌等で撮影・執筆を行う。軍事遺跡、廃墟、近代遺産、珍スポット、聖地なども撮影する。

中村泰三（旧軍機）
なかむら・たいぞう　1968年生まれ。大戦機修復家。元陸上自衛官。零戦二一型の後部胴体、右主翼、左水平尾翼を展示する私設資料館「零戦・報國-515資料館」管理人。東京文化財研究所、日本航空協会とも連携し博物館などへの協力を通して、戦時航空遺産の修復保存と展示に取り組んでいる。また映画協力としては『永遠の0』の零戦計器板の貸出、『この世界の（さらにいくつもの）片隅に』にて航空計器の考証協力、『ゴジラ-1.0』では震電と零戦の計器板を貸出し、その他メディアに関連した考証にて協力している。

イラスト
田村紀雄

表紙・本文デザイン
神田美智子

企画／構成
ミリタリー企画編集部

発行人
山手章弘

発行所
イカロス出版株式会社
〒101-0051 東京都千代田区神田神保町1-105
https://www.ikaros.jp/

出版営業部
sales@ikaros.co.jp
FAX 03-6837-4671

編集部
mil_k@ikaros.co.jp
FAX 03-6837-4674

印刷・製本
図書印刷株式会社